AF803772

SAMMLUNG GÖSCHEN BAND 71

ALLGEMEINE UND PHYSIKALISCHE CHEMIE

von

PROF. DR. WERNER SCHULZE

ERSTER TEIL

Sechste, verbesserte Auflage

Mit 10 Figuren

WALTER DE GRUYTER & CO.

vormals G. J. Göschen'sche Verlagshandlung . J. Guttentag,
Verlagsbuchhandlung . Georg Reimer . Karl J. Trübner . Veit & Comp.

BERLIN 1964

©

Copyright 1964 by Walter de Gruyter & Co., vormals G. J. Göschen'sche Verlagshandlung — J. Guttentag, Verlagsbuchhandlung — Georg Reimer — Karl J. Trübner — Veit & Comp., Berlin 30. — Alle Rechte, einschl. der Rechte der Herstellung von Photokopien und Mikrofilmen, von der Verlagshandlung vorbehalten. — Archiv-Nr. 77 60 641. — Satz und Druck: Thormann & Goetsch, 1 Berlin 44. — Printed in Germany.

INHALT

I. Einleitung

1. Aufgabenkreis

Das Ziel aller Naturwissenschaft besteht in der Erforschung der allgemeinen Gesetze, welche die Veränderungen der Stoffe in der belebten und unbelebten Welt beherrschen. Die Physik umfaßt dabei dasjenige Teilgebiet, in welchem die Veränderungen der Eigenschaften unbelebter Stoffe durch nur solche Eingriffe untersucht werden, bei denen der vorliegende Stoff seine Zusammensetzung nicht ändert. Die Chemie sucht demgegenüber die Erscheinungen in Gesetze zu fassen, bei denen Umwandlungen der Stoffe ineinander erfolgen.

Daß eine Umsetzung von Stoffen stattgefunden hat, erkennt man primär an den physikalischen Eigenschaften (z. B. Farbe, spez. Gewicht, Brechungsvermögen, Aggregatzustand) der entstandenen Stoffe, die von denjenigen der Ausgangsstoffe verschieden sind. Die Kenntnis einer chemischen Reaktion ist jedoch nur unvollkommen, wenn man allein die Anfangs- und Endprodukte der Reaktion und die physikalischen Eigenschaften der betreffenden Stoffe ermittelt hat. Man sammelt auf diese Weise ein umfangreiches Tatsachenmaterial, in welchem das ordnende Prinzip zunächst fehlt. An dieser Stelle setzt nun die physikalische Chemie ein, welche versucht vorherzusagen, ob eine Umsetzung zwischen gegebenen Stoffen möglich ist und welches die physikalischen Eigenschaften der entstehenden Stoffe sind. Außerdem sucht man die Umsetzung selbst messend zu verfolgen. *Die physikalische Chemie erforscht also den Verlauf chemischer Vorgänge mit physikalischen Hilfsmitteln.* Demzufolge werden in diesem Zweig der Naturwissenschaft sowohl alle chemischen Tatsachen als auch die Kenntnis der Methoden und Theorien der reinen Physik vorausgesetzt. Es sind im wesentlichen drei Gebiete der theoretischen Physik, deren Kenntnis zum Studium der physikalischen Chemie erforderlich ist, nämlich die Thermodynamik, die kinetische Theorie der Materie und die Quantentheorie.

Der Chemiker ist bei einer chemischen Reaktion zunächst meist an dem eintretenden Stoffumsatz interessiert. Um jedoch Gesetzmäßigkeiten aufzufinden, die allgemein für alle möglichen Reaktionen gelten, muß man auch die physikalischen Begleiterscheinungen der Reaktionen studieren. Es handelt sich hier z. B. um Druckänderungen, Volumänderungen, Wärmeentwicklung oder Arbeitsverbrauch, die während der Reaktion in Erscheinung treten.

Mit den Gesetzmäßigkeiten, die bei Wärme- und Arbeitsumsatz vorliegen, beschäftigt sich die *Thermodynamik.* Ihre Aussagen enthalten jedoch keine Angaben über die im reagierenden Molekül liegenden Ursachen des Auftretens der beobachteten Wärmeeffekte. Derartige Untersuchungen sind (im gröbsten Falle) mittels der *kinetischen Theorie der Materie* möglich, die als Grundlage die Anschauung benutzt, daß alle Stoffe aus kleinsten Teilchen zusammengesetzt sind, welche die Träger der Reaktion sind.

Noch einen Schritt weiter geht die *Quantentheorie,* die die Eigenschaften der reagierenden Moleküle wieder auf deren Aufbau zurückführt, also Atomkerne, Elektronen und deren Zusammenlagerung zum Molekül sowie die Umwandlung solcher Moleküle in andere zum Gegenstand hat.

2. System, Zustand, Phase

Das Studium der Gesetze des Arbeits- und Wärmeaustausches erfordert zunächst eine Definition dessen, was man unter Austausch verstehen will. Hierzu soll die Gesamtheit der Dinge, deren Veränderungen man gerade betrachten will, als „System" bezeichnet, der Rest der Welt „Umgebung" genannt werden. Wohin man die Grenzen zwischen System und Umgebung legt, ist Sache der jeweiligen Übereinkunft. Bei Betrachtung der Reaktion

$$Zn + H_2SO_4 \rightarrow ZnSO_4 + H_2$$

könnte man z. B. alle angeführten Stoffe als reagierendes System zusammenfassen; ebenso könnte man aber noch die überstehende Luft bis zu einer willkürlichen Grenze oder aber das umhüllende Gefäß mit zum System rechnen. Durch solche Festsetzungen wird es dann möglich, den Begriff des Austausches zu definieren, nämlich als Durchtritt von Wärme oder Arbeit durch die festgesetzten Systemgrenzen.

Bei solchen Wärme- und Arbeitsumsätzen interessieren die Änderungen, die das System durch diese Umsätze erfährt. Es ist daher erforderlich, die Eigenschaften des Systems hinreichend genau zu kennzeichnen, um Änderungen des „Zustandes" des Systems immer verfolgen zu können. Unsere erste Aufgabe ist also, eine ausreichende, aber möglichst einfache Beschreibung des Zustandes unseres Systems zu finden.

Diese Beschreibung wird um so schwieriger, je komplizierter das System selbst aufgebaut ist. Das einfachste System dürfte ein Einstoffsystem sein, das physikalisch einheitlich aussieht. Letzteres ist nicht bei allen Einstoffsystemen der Fall, da z. B. ein aus Wasser aufgebautes System aus Eis, flüssigem Wasser und Wasserdampf bestehen kann. Diese Bereiche verschiedenen „Aggregatzustandes" (fest, flüssig, gasförmig) werden als je eine *Phase* bezeichnet. Ein einphasiges System heißt h o m o g e n, mehrphasige Systeme heißen h e t e r o g e n. Das einfachste System wäre also ein homogenes Einstoffsystem (z. B. flüssiges Wasser), der komplizierteste Fall wäre ein heterogenes Mehrstoffsystem (z. B. wäßrige NaCl-Lösung mit festem NaCl als Bodenkörper und der überstehenden Gasphase).

Damit eine einfache Beschreibung möglich ist, müssen alle Systeme eine allgemeine Voraussetzung erfüllen. Es darf z. B. nicht vorkommen, daß sich der Zustand des Systems freiwillig, d. h. ohne äußeres Zutun, mit der Zeit ändert. Dies würde z. B. der Fall sein bei einem System, das nicht an allen Stellen die gleiche Temperatur oder den gleichen Druck besitzt; es würden Strömungen auftreten, die erst mit dem Ausgleich von Druck und Temperatur zur Ruhe kommen und nur sehr umständlich hinreichend genau zu beschreiben wären. Wir betrachten daher nur Systeme in *Gleichgewichtszuständen*. In diesem Fall hat sich gezeigt, daß dann der Gleichgewichtsdruck p und die Gleichgewichtstemperatur T wichtige und ausreichende Kenngrößen eines homogenen Systems sind. Für (heterogene) Mehrstoffsysteme muß man natürlich auch die Konzentrationen der einzelnen Stoffe angeben, die in jeder vorkommenden Phase anwesend sind. Außer p und T benutzt man noch das leicht zu bestimmende Volumen V des Systems als Kenngröße. Jedoch sind erfahrungsgemäß von diesen drei Größen für ein homogenes System nur 2 willkürlich wählbar. Die dritte ist dann bereits durch eine für jedes solche homogene System gültige *„Zustandsgleichung“* festgelegt, z. B.

$$p = f\,(V, T).$$

In Worten: Der Druck p ist eine Funktion f vom Volumen V und der Temperatur T. Ebenso gleichwertig sind die Formulierungen $V = f_1\,(p, T)$ und $T = f_2\,(p, V)$, wobei dann die Funktionen natürlich anders aussehen.

Eine Formel soll man niemals nur „buchstabieren“, sondern jedesmal (auch in späteren Fällen) lesen: Druck gleich Funktion von Volumen und Temperatur, damit man durch die Buchstaben, die ja nur bequeme Symbole sind, nicht den Sinn für den physikalischen Zusammenhang verliert, der durch die Formel in einfachster und kürzester Weise ausgedrückt wird.

II. Beschreibung von Zuständen homogener Systeme

3. Zustandsgleichung der Gase

Die einfachste Zustandsgleichung hat man für Gase, und zwar für alle Gase gleichzeitig gültig gefunden. Boyle (1664) und Mariotte (1676) stellten fest, daß eine Erhöhung des Druckes p einer gegebenen Gasmenge immer eine Verkleinerung des Volumens *V* bewirkt, und zwar besitzt bei gegebener Temperatur das Produkt aus Druck und Volumen immer einen konstanten Wert, gleichgültig, um welches Gas es sich handelt. Dieser Befund läßt sich ausdrücken durch die Gleichung

(1) $p.V = konst.$ (bei konst. Temp., *Boyle-Mariottesches Gesetz).*

Diese Beziehung gilt um so genauer, je höher die Temperatur und je geringer der Druck bei der Messung gewählt werden. Besitzt beispielsweise eine bestimmte Gasmenge unter 1 Atm. Druck ein Volumen von 12 ccm, so nimmt sie unter dem doppelten Druck von 2 Atm. das halbe Volumen, nämlich 6 ccm, ein. 3 Atm. bewirken Verkleinerung des Volumens auf 4 ccm, und alle diese Produkte aus Volumen und Druck, nämlich $1 \cdot 12$, $2 \cdot 6$, $3 \cdot 4$, ergeben den gleichen Wert 12.

Gay-Lussac untersuchte die Abhängigkeit des Volumens der Gase von der Temperatur und fand, daß bei konstant gehaltenem Druck die bekannte Vergrößerung des Volumens einer gegebenen Gasmenge bei Temperatursteigerung durch die Formel

$$V = V_0\left(1 + \frac{t}{A}\right) \tag{2}$$

(bei konst. Druck; *Gay-Lussacsches Gesetz)*

wiedergegeben wird, wenn man die Temperatur *t* nach der Celsiusskala mißt und falls V_0 das Volumen der betreffenden Gasmenge bei 0° C bedeutet. *A* ist eine Konstante, deren Wert 273,15 beträgt. Das Wesentliche des Gay-Lussacschen Gesetzes ist nun, daß diese *Konstante A für alle Gase den gleichen Wert* besitzt. Die Meßergebnisse werden wiederum durch Gleichung (2) um so besser dargestellt, je höher der untersuchte Temperaturbereich liegt und je kleiner der Druck ist.

Die Bedeutung der Gleichung (2) erkennt man, wenn man sie umformt in

$$V = V_0 + \frac{V_0}{A} t.$$

Das Volumen V setzt sich also zusammen aus dem Volumen V_0 bei 0° C und einem zusätzlichen Glied, das von der Temperatur abhängt. Bei Temperaturen oberhalb 0° C ist dies Glied positiv, unterhalb 0° C ist es negativ, d. h. V ist im letzten Fall kleiner als V_0. Für 1 Grad Temperaturerhöhung ($t = 1$) erhält dies Zusatzglied die Größe V_0/A, d. h. die Volumenänderung beträgt pro Grad „ein A-tel" des Volumens bei 0° C. Das Gay-Lussacsche Gesetz besagt also:

Das Volumen jedes Gases nimmt unter konstantem Druck bei Erhöhung der Temperatur um 1° C immer um den gleichen Bruchteil des bei 0° C gemessenen Volumens zu; der Bruchteil hat die Größe 1/273,15.

Durch die Gesetze von Boyle-Mariotte und Gay-Lussac wird die Abhängigkeit der Zustandsgrößen Druck, Volumen und Temperatur bei Gasen erschöpfend beschrieben, und man kann durch Kombination der Gleichungen (1) und (2) eine Formel ermitteln, die alle drei Größen in sich vereinigt. Zu diesem Zweck gehen wir aus von einer Gasmenge, die beim Druck p_0 und der Temperatur $t_0 = 0°$ das Volumen V_0 einnimmt. Nun denken wir zunächst den Druck konstant gehalten, berechnen nach Gl. (2) die bei Temperaturerhöhung auf t° C eintretende Volumenänderung und denken dann bei konstanter Temperatur den Druck bis auf einen angenommenen Wert p geändert. Der Ausgangsdruck betrage p_0. Erhöht man die Temperatur auf t° C, so stellt sich gemäß dem Gay-Lussacschen Gesetz

ein Volumen $$V_1 = V_0 \cdot \left(1 + \frac{t}{A}\right)$$

ein, zu dessen zahlenmäßiger Ermittlung natürlich V_0 bekannt sein muß. Für dieses Volumen V_1 und den zugehörigen Druck p_0 muß nun b e i d e r T e m p e r a t u r t die Gleichung (1) gelten:

$$p_0 \cdot V_1 = konst. = p \cdot V,$$

wo p der gegebene Druck ist und V dann berechenbar ist. Setzt man jetzt in die letzte Gleichung den Wert $V_1 = V_0 \cdot (1 + \frac{t}{A})$ ein, so folgt

$$p \cdot V = p_0 \cdot V_0 \cdot \left(1 + \frac{t}{A}\right). \tag{3}$$

In dieser Gleichung sind beide Gesetze vereinigt; sie stellt die Zustandsgleichung der Gase dar.

Hält man das Volumen konstant, also $V = V_0$, so folgt aus Gl. (3)

$$p = p_0 \cdot \left(1 + \frac{t}{A}\right). \tag{4}$$

Der Druck einer Gasmenge ändert sich also mit der Temperatur genau so wie das Volumen V.

4. Absolute Temperatur

Aus dieser letzten Gleichung ergibt sich, daß der Druck einer Gasmenge um so kleiner wird, je niedriger man die Temperatur wählt. Wenn man die Gültigkeit der Gl. (4) auch bei sehr tiefen Temperaturen voraussetzt, so muß eine Temperatur existieren, bei welcher der Druck gleich Null wird. Dort muß dann nach Gl. (4) die Bedingung erfüllt sein

$$0 = p_0 \cdot \left(1 + \frac{t}{A}\right).$$

Eine kurze Rechnung zeigt, daß dies für $t = -A = -273{,}15°$ C der Fall ist. Ein kleinerer Druck als Null ist nun nicht gut vorstellbar, und man hat daher das Recht, die so festgelegte Temperatur als die tiefstmögliche Temperatur anzusehen. Demzufolge hat man den willkürlich gewählten Nullpunkt der Celsiusskala bis zu dieser absolut tiefsten Temperatur verschoben und nennt die an der so geschaffenen Temperaturskala gemesssenen Temperaturen „absolute“ Temperaturen. Man bezeichnet sie international mit dem Buchstaben T. Den Zusammenhang zwischen beiden Temperaturskalen vermittelt die Beziehung

$$\text{Celsiusgrade} + 273{,}15 = \text{absolute Grade}$$

oder

$$t + 273{,}15 = T. \tag{5}$$

Die absolute Temperaturskala ist also dadurch definiert, daß dem Schmelzpunkt des Wassers unter Atmosphärendruck $T = 273{,}15^\circ K$ (K nach Lord Kelvin) und dem Siedepunkt des Wassers $T = 373{,}15^\circ K$ entsprechen. Die Größe der einzelnen Grade ist die gleiche wie bei der Celsiusskala.

Für „reale" Gase ist die Konstante A nicht mit völliger Exaktheit für alle Gase die gleiche, so daß also die so definierte Temperaturskala von den Eigenschaften des zugrunde gelegten Gases abhängt, was wieder eine nicht erwünschte Willkür bei der Auswahl des Gases nach sich ziehen würde. Es wird jedoch später (Nr. 49, S. 69) noch eine thermodynamische Ableitung der absoluten Temperaturskala gegeben, welche von allen stofflichen Eigenschaften frei ist und daher wirklich allgemeine Gültigkeit besitzt. Ihr Nullpunkt entspricht dem hier vorläufig gegebenen $A = 273{,}15$, womit wir uns einstweilen zufrieden geben wollen.

Die Einführung der absoluten Temperatur vereinfacht die Form der Zustandsgleichung der Gase weitgehend. Durch Einsetzen des Ausdrucks für t aus Gl. (5) in Gl. (3) folgt

$$p \cdot V = \frac{p_0 V_0}{273{,}15} \cdot T. \tag{6}$$

Eine weitere Vereinfachung der Gl. (6) wird erzielt, wenn wir bedenken, daß ein Mol eines beliebigen Gases unter den gleichen Bedingungen von Druck und Temperatur nach Avogadro immer das gleiche Volumen einnimmt. Betrachten wir also ein Mol eines Gases, so stellt V_0 in Gleichung (6) das Molvolumen der Gase bei 0° C dar, das wir mit v_0 bezeichnen wollen. Es hat für alle Gase den Wert 22,414 Liter. Als Wert für p_0 wählt man allgemein $p_0 = 1$ *Atm.* = 760 mm Hg, so daß dann der Ausdruck $p_0 v_0 / A = 1.22{,}414/273{,}15$ *Literatm.* wird. Diese Größe ist zufolge des gleichen Molvolumens für alle Gase die gleiche. Sie wird mit R bezeichnet und die *Gaskonstante* genannt. Für ein Mol eines beliebigen Gases gilt also die Zustandsgleichung $p \cdot v = R.T$, während für eine beliebige Zahl n von Molen gelten muß

$$pV = nRT \tag{7}$$

(Zustandsgleichung der Gase).

Diese Beziehung stellt die einfachste Formulierung der Zustandsgleichung der Gase dar. Sie gilt wohlgemerkt um so besser, je niedriger der Druck und je höher die Temperatur der untersuchten Gasmenge gewählt wird. Um das Zustandekommen dieser Gleichung und ihre Bedeutung besser verstehen zu können, wollen wir mittels der kinetischen Theorie der Materie nähere Vorstellungen über die Aggregatzustände fest, flüssig, gasförmig entwickeln.

5. Voraussetzungen der kinetischen Theorie

Wie die Thermodynamik gründet sich auch die kinetische Theorie der Materie auf einige wenige Grundsätze allgemeinster Natur. Sie sucht alle Erscheinungen, also auch Wärme und Temperatur, auf die Gesetze der Mechanik zurückzuführen und legt die folgenden drei Sätze zugrunde:

1. Alle Materie besteht aus kleinsten Teilchen.
2. Die Teilchen befinden sich dauernd in Bewegung.
3. Für die Bewegungen der Teilchen gelten die Gesetze der Mechanik.

Zur Beschreibung verschiedener Vorgänge hat man dann die Möglichkeit, die Gestalt der Teilchen, die zwischen ihnen wirkenden Kräfte und die Art ihrer Bewegung so auszuwählen, daß Übereinstimmung mit den Versuchsergebnissen erzielt wird, und erhält so ein Modell des fraglichen Vorganges.

6. Gesetz der konstanten Proportionen

Grundlegend für die gesamte Naturwissenschaft ist die Vorstellung, daß alle Stoffe aus kleinsten Teilchen aufgebaut sind. Die Tatsachen, welche zu dieser Auffassung geführt haben, gehören daher zum Rüstzeug jedes Naturwissenschaftlers und bilden zugleich die Grundlagen der klassischen Chemie. Im folgenden werden wir eine Reihe von Beobachtungsergebnissen zusammenstellen, welche die atomistische Struktur der Materie beweisen.

Aus allen chemischen Experimenten ergibt sich, daß die Gesamtheit der in der Natur vorkommenden Stoffe in zwei Klassen eingeteilt werden kann. Die Stoffe der ersten Gruppe lassen sich durch chemische Umsetzungen auf keine Weise mehr weiter zerlegen; sie werden als chemische *Elemente* bezeichnet. Alle übrigen Stoffe sind aus diesen Elementen zusammengesetzt; man nennt sie chemische *Verbindungen.*

Die Umsetzungen der Elemente zu Verbindungen werden von einem sehr einfachen Gesetz beherrscht, dem Gesetz von den konstanten und multiplen Proportionen. Es lautet:

Wann und unter welchen Umständen eine bestimmte Verbindung (kenntlich an ihren physikalischen Eigenschaften) auch immer entsteht, so enthält sie die vorkommenden Elemente immer in dem gleichen Gewichtsverhältnis. Bilden die gleichen Elemente mehrere Verbindungen, so stehen die Werte für das jeweilige Gewichtsverhältnis der Elemente im Verhältnis kleiner ganzer Zahlen zueinander.

In den Stickoxiden N_2O, NO, N_2O_3, N_2O_4, N_2O_5 hat das Gewichtsverhältnis Sauerstoff zu Stickstoff z. B. die Werte 0,5711; 1,1422; 1,7133; 2,2844; 2,8555. Sie verhalten sich wie 1 : 2 : 3 : 4 : 5.

7. Verbindungsgewichte

Um die Gewichtsverhältnisse möglichst einfach angeben zu können, hat man die folgenden Festsetzungen getroffen: Als relativ kleinstes Gewicht tritt in Verbindungen der Wasserstoff auf. Man wählt daher als Bezugseinheit für die Mengen, nach denen sich Stoffe verbinden, zweckmäßig Wasserstoff gleich Eins. Es hat sich nun aber gezeigt, daß die Wasserstoffverbindungen vieler Elemente nur schwer zugänglich sind, während die Sauerstoffverbindungen zur Bestimmung der Gewichtsverhältnisse weit besser geeignet sind. Man hat daher als Grundlage dieser „Verbindungsgewichte" nicht den Wasserstoff, sondern den Sauerstoff gewählt. Um zu erreichen, daß Wasserstoff nie mit weniger als einer Gewichts e i n h e i t an den bekannten Verbindungen beteiligt ist, muß man für Sauerstoff die Zahl 8 wählen. Wasserstoff bekommt dann das Verbindungsgewicht 1,008.

8. Nachweis von Einzelteilchen

Die einfachste Deutung des Gesetzes von den konstanten und multiplen Proportionen stellt die Annahme dar (Dalton 1802), daß alle Elemente aus kleinsten Teilchen bestehen, welche für ein gegebenes Element unter sich gleich sind, für verschiedene Elemente indessen unterschiedliche Größe (Masse) besitzen. Die Bildung einer Verbindung hat man sich unter Zugrundelegung dieser Annahme derart vorzustellen, daß sich die kleinsten Teilchen der betreffenden Elemente zu einem neuen kleinsten Teilchen der fraglichen Verbindung vereinigen; es muß sich demzufolge immer das gleiche Gewichtsverhältnis der Bestandteile ergeben.

Man hat diese Annahme durch die verschiedensten Experimente zur Gewißheit machen können. Am sinnfälligsten geht die Existenz von einzelnen Materieteilchen aus den Erscheinungen der Radioaktivität hervor. Man kennt eine Reihe von Elementen, welche ununterbrochen Strahlen aussenden, die radioaktiven Elemente. Die Strahlung (α-Teilchen) ist für unser Auge nicht wahrnehmbar, läßt sich aber sichtbar machen, wenn man einen solchen Stoff in eine Wilsonsche Nebelkammer bringt (das ist ein mit Wasserdampf gesättigter Raum), und den Wasserdampf durch Verbinden der Kammer mit einem luftleeren Raum sich plötzlich ausdehnen läßt. Im Augenblick der Expansion sieht man von dem radioaktiven Stoff ein

Büschel von Strahlen ausgehen (bestehend aus kondensierten Wassertröpfchen). Jeder einzelne Strahl muß als Ursache offenbar ein von dem radioaktiven Stoff ausgesandtes Teilchen haben. Daß es sich dabei tatsächlich um Materieteilchen und nicht etwa um eine unbekannte Strahlungsart handelt, zeigt sich, wenn man einen radioaktiven Stoff im Vakuum längere Zeit sich selbst überläßt. Man kann dann nach einer gewissen Zeit in dem vorher völlig leeren Raum auf spektroskopischem Wege Helium nachweisen. Es handelt sich also wirklich um einzelne aus Materie bestehende Teilchen, die von dem radioaktiven Stoff ausgesandt werden. Infolgedessen muß auch der radioaktive Stoff selbst aus Einzelteilchen bestehen. Da die radioaktiven Elemente ferner mit anderen Elementen Verbindungen auf Grund des Gesetzes von den konstanten und multiplen Proportionen eingehen, muß eine solche atomistische Struktur auch bei allen übrigen Elementen vorliegen.

9. Atome, Molekeln

Man bezeichnet die kleinsten Teilchen, aus denen die Elemente bestehen, als Atome, da man sie früher für unteilbar hielt. *Ein Atom ist also der kleinste Baustein eines chemischen Elementes, der noch die gesamten chemischen und physikalischen Eigenschaften des betreffenden Elementes besitzt.*

Die Atome sind nämlich, wie wir in Bd. II, Kap. V sehen werden, tatsächlich noch weiter zerlegbar. Die weitere Zerteilung eines Atoms führt aber zu Bausteinen, welche gänzlich andere physikalische und chemische Eigenschaften besitzen als das Ausgangsteilchen.

Für die kleinsten Teilchen von Verbindungen hat man den Namen „Molekeln" geprägt. Eine Molekel besteht also aus einigen Atomen verschiedener Elemente oder auch des gleichen Elementes. Zerteilt man eine Molekel weiter (was durch chemische Eingriffe gelingt), so gehen die physikalischen Eigenschaften der betreffenden Verbindung verloren; es entstehen neue Stoffe.

10. Avogadrosche Hypothese

Molekeln aus gleichartigen Atomen mußte man erstmalig zur Deutung der bei Gasreaktionen gefundenen Gesetzmäßigkeiten einführen. Gay-Lussac beobachtete, daß gleiche Volumina verschiedener Gase oder deren Vielfache sich restlos miteinander umsetzen. Es ergeben sich hierbei überdies Endvolumina, die zu den Ausgangsvolumina in einfachen ganzzahligen Verhältnissen stehen. (Voraussetzung ist dabei, daß alle Gase unter den gleichen Bedingungen von Druck und Temperatur vorliegen.) Hieraus folgt, daß in gleichen Gasvolumina gerade die Verbindungsgewichte oder deren Vielfache enthalten sein müssen; und daraus ergibt sich wiederum, daß die Zahlen der Molekeln in gleichen Volumina verschiedener Gase durch eine einfache Beziehung miteinander verknüpft sein müssen. Avogadro nahm an, daß diese Zahl für alle Gase die gleiche ist, daß also *gleiche Volumina verschiedener Gase unter gleichen Bedingungen gleichviel Teilchen enthalten.* Bei Anwendung dieser Hypothese auf die von Gay-Lussac bei Gasreaktionen gefundenen Volumverhältnisse ergeben sich jedoch Schwierigkeiten. Zum Beispiel erhält man im Versuch aus 1 Vol. Wasserstoff + 1 Vol. Chlor 2 Vol. Chlorwasserstoffgas, während auf Grund der Avogadroschen Hypothese nur 1 Volumen erhalten werden sollte, da sich ja je ein Teilchen Chlor und ein Teilchen Wasserstoff zu einem neuen Teilchen Chlorwasserstoffgas vereinigen und nach Avogadro die Volumina den Teilchenzahlen proportional sind. Die Avogadrosche Hypothese muß also noch erweitert werden; und zwar gelangt man in allen Fällen zu richtigen Ergebnissen, wenn man annimmt, daß die *kleinsten Teilchen der elementaren Gase* nicht aus einfachen Atomen, sondern *aus doppelatomigen Molekeln* bestehen. Ein Vorhandensein von vier-, sechs- oder achtatomigen Molekeln führt zwar ebenfalls zu richtigen Ergebnissen, jedoch geht aus der Theorie der spezifischen Wärmen der Gase (s. S. 50) eindeutig hervor, daß es sich um zweiatomige Molekeln handelt. Wasserstoff z. B. besteht also aus H_2-Molekeln, und ähnliches gilt für alle elementaren Gase.

11. Molekulargewicht und Atomgewicht

Gleiche Volumina verschiedener Gase sind nun bekanntlich verschieden schwer, obwohl nach Avogadro die Molekelzahl die gleiche ist. Die Dichte eines Gases ist also ein direktes Maß für das relative Gewicht der Molekeln, das relative „Molekulargewicht" (im Gegensatz zum absoluten Gewicht einer Molekel in Gramm, dem „Molekelgewicht"). Bezeichnen wir die Dichten zweier Gase *1* und *2* mit d_1 bzw. d_2 und die entsprechenden Molekulargewichte mit M_1 bzw. M_2, so gilt $d_1/d_2 = M_1/M_2$, oder umgeformt $M_1 = M_2 \cdot (d_1/d_2)$. Wenn die Größe e i n e s Molekulargewichts festgelegt wird, läßt sich aus Messungen der Dichte der Gase jedes weitere Molekulargewicht berechnen.

Zur Festsetzung der Maßzahl für die Molekulargewichte (und der Atomgewichte) führt folgender Gedankengang: Auf Grund des Gesetzes von den konstanten und multiplen Proportionen liegen in einer Molekel die Elemente in konstantem Gewichtsverhältnis vor, das man durch Analyse ermitteln kann. Da nun die kleinsten in der Molekel vorkommenden Bausteine die Atome sind, wird man bei analytischem Vergleich verschiedener Verbindungen, die den gleichen Stoff enthalten, sicher auch eine finden, welche nur e i n Atom des fraglichen Elementes enthält. Aus dieser Verbindung ergibt sich dann das „Atomgewicht" des Elementes, wobei man als Bezugseinheit (wie bei den Verbindungsgewichten) wiederum Sauerstoff wählt. Aus den Analysedaten folgt nun, daß man, um für das leichteste Element (den Wasserstoff) mindestens die Zahl 1 zu erhalten, für Sauerstoff die Zahl 16 als relatives Atomgewicht annehmen muß. Da nun eine Sauerstoffmolekel, wie oben gezeigt wurde, aus zwei Atomen besteht, muß man als Bezugseinheit für die Molekulargewichte die Zahl 32 wählen.

Die Grammzahl eines Stoffes, welche sein Molekulargewicht angibt, bezeichnet man als ein M o l des betreffenden Stoffes. Ein Mol Sauerstoff sind also 32 g Sauerstoff. Diese Größe wird bei chemischen Betrachtungen zweckmäßig statt des Grammes als Gewichtseinheit zugrunde gelegt.

Die zur Molekulargewichts-Bestimmung verwendbare Gleichung $M_1 = M_2 \cdot \frac{d_1}{d_2}$ läßt sich nunmehr mit dem Molekulargewicht $M_2 = 32$ des Sauerstoffs und seiner Dichte $d_2 = 1{,}4289$ (gemessen in Gramm/1000 ml bei 0° C und 760 mm Hg) schreiben:

$$M_1 = 32 \cdot d_1/1{,}4289 = 22{,}414 \cdot d_1.$$

Man braucht also nur die Dichte eines gasförmigen Stoffes zu messen und kann dann mittels dieser Formel das Molekulargewicht sehr einfach berechnen.

12. Die Loschmidtsche Zahl

Einen weiteren, von den radioaktiven Erscheinungen unabhängigen Beweis für die atomistische Struktur der Materie bietet die Ermittlung der Anzahl von Teilchen, welche in einem Mol eines beliebigen Stoffes vorhanden sind. Diese muß nach Avogadro einen bestimmten Wert besitzen. Sie wird nach ihm die Avogadrosche Zahl oder nach demjenigen, der sie als erster (1865) berechnete, die Loschmidtsche Zahl genannt. Man kennt zur Berechnung dieser Zahl (mit N_L bezeichnet) eine ganze Reihe von Wegen, die sämtlich voneinander unabhängig sind. Alle diese Wege ergeben aber immer den gleichen Wert für die Loschmidtsche Zahl. Einige dieser Verfahren werden in ihren Grundzügen später besprochen. Die folgende Tabelle 1 gibt einen Überblick über die verschiedenen Methoden und die mit diesen erhaltenen Werte.

Tabelle 1: Ermittlung der Loschmidtschen Zahl

Methode	Ergebnis ($N_L \cdot 10^{-23}$)
Kinetische Theorie	5,95 bis 6,8
Brownsche Bewegung	6,09
Oberflächenspannung wäss. Na-Oleatlösungen	6,004
Lichtstreuung an Gasen	6,03
Wärmestrahlung	6,03
Millikansche Öltröpfchenmethode	6,067
Feinstruktur von Spektrallinien	6,08
Röntgenstrahlbeugung an künstlichen Gittern	6,022

Eine solche Übereinstimmung kann keine Zufälligkeit mehr sein, sondern verdankt ihr Bestehen offensichtlich einer gemeinsamen richtigen Grundlage, eben der Tatsache, daß alle Materie aus kleinsten Bausteinen zusammengesetzt ist.

Die zweite Behauptung der kinetischen Theorie wird am eindrucksvollsten durch die von Brown entdeckte *Molekularbewegung* bewiesen. Beobachtet man Tabakrauch oder andere kleine Teilchen durch ein Mikroskop, so sieht man die Rauchteilchen in fortwährender, zitternder Bewegung. Es ist dies einer der eindrucksvollsten Versuche bezüglich des Feinbaus der Materie. Das Zittern der Teilchen ist so zu erklären, daß die verhältnismäßig großen Teilchen des Rauches von den kleinsten Teilchen der umgebenden Luft allseitig Stöße empfangen, die in völliger Regellosigkeit erfolgen, und daß bisweilen auf die eine Seite eines Rauchteilchens mehr Stöße ausgeübt werden als auf die übrigen Stellen. Dadurch wird das Rauchteilchen in der Stoßrichtung in Bewegung gesetzt, und wir beobachten ein Zittern des Teilchens. Letzteres wird also durch die Stöße der umgebenden Luftteilchen dauernd hin und her geworfen, woraus zu schließen ist, daß eben die Luftteilchen sich in dauernder Bewegung befinden, wie die kinetische Theorie das behauptet. Die Geschwindigkeit der Luftteilchen und die Anzahl der Stöße pro Sekunde lassen sich aus der kinetischen Theorie richtig berechnen, was für die Richtigkeit der Annahmen spricht (Bd. II, Nr. 65).

Die dritte Behauptung der kinetischen Theorie nimmt die Gültigkeit der mechanischen Grundgesetze für die Bewegung der Teilchen an. Es handelt sich hier im wesentlichen um die Gesetze des Energieaustausches beim Stoß der Teilchen gegeneinander oder an eine Wand. Ihre Anwendbarkeit ergibt sich aus den mit Versuchsdaten übereinstimmenden verschiedenartigsten Rechnungen, von denen wir eine Reihe von Beispielen kennenlernen werden.

13. Allgemeines über Aggregatzustände

Alle Stoffe pflegt man hinsichtlich ihrer äußeren Erscheinungsform in drei Gruppen einzuteilen und unterscheidet allgemein gasförmige, flüssige und feste Stoffe. Bei einem Stoff gegebener chemischer Zusammensetzung treten immer alle drei „Formarten“ (= Aggregatzustände) auf, wenn man nur Druck und Temperatur geeignet wählt. Als Beispiel sei das Wasser angeführt, das bei Atmosphärendruck unterhalb 0° C fest (als Eis), zwischen 0° und 100° flüssig und oberhalb 100° gasförmig (als Wasserdampf) vorliegt.

Für ein Gas ist charakteristisch, daß es einen ihm zur Verfügung gestellten Raum vollständig auszufüllen trachtet. Flüssigkeiten besitzen demgegenüber einen festen Rauminhalt und füllen einen Behälter nur dann völlig, wenn man genügend Flüssigkeit hineingibt. Sie passen ihre Gestalt aber den Wandungen des Gefäßes an, in welchem sie sich befinden; die Form der Flüssigkeitsmenge ist also veränderlich. Infolge des unveränderlichen Volumens der Flüssigkeit existiert eine Grenzschicht, welche die Flüssigkeit von ihrer Umgebung (z. B. der Atmosphäre) trennt, die *Oberfläche* der Flüssigkeit. Deren Form ist abhängig von den Kräften, welchen die Flüssigkeit unterliegt.

Unter dem Einfluß der Schwerkraft bildet sich eine ebene Oberfläche aus, während sich z. B. unter der Wirkung von Zentrifugalkräften und der Schwerkraft eine parabolische Oberfläche einstellt. Wirken auf eine Flüssigkeit keinerlei Kräfte, so nimmt die Oberfläche Kugelgestalt an, wie z. B. bei fallenden Tropfen oder einem Flüssigkeitstropfen, der in einer Flüssigkeit gleicher Dichte schwebt, die sich aber mit der ersten nicht mischt. Die Kugel ist derjenige Körper, der bei gegebenem Volumen die kleinste Oberfläche besitzt; alle anderen Körper (z. B. Würfel, Eiform usw.) haben bei gleichem Volumen größere Oberflächen.

Das Streben der Flüssigkeiten nach einer kleinsten Oberfläche zeigt, daß die Herstellung der Oberfläche Arbeit erfordert. Man bezeichnet die Arbeit, die erforderlich ist, um 1 cm^2 Oberfläche herzustellen, als die *Oberflächenspannung* der Flüssigkeit. Ihre Größe ist für einen gegebenen Stoff charakteristisch.

Feste Stoffe passen auch ihre Gestalt nicht mehr dem Behälter an; sie sind weitgehend *formbeständig und volumbeständig*. Flüssigkeiten sind volumbeständig, aber nicht formbeständig, und Gase sind weder form- noch volumbeständig.

14. Zwischenstufen der Formarten

Die Einordnung eines gegebenen Stoffes in das Schema der drei Formarten ist bisweilen schwierig, da die zur Kennzeichnung der Aggregatzustände benutzten Eigenschaften der Form- und Volumenbeständigkeit von Stoff zu Stoff größeren Schwankungen unterworfen sind. Zumal die Formbeständigkeit als Unterschied zwischen fest und flüssig ermöglicht keine eindeutige Zuordnung, da es bei manchen Stoffen (wie Glas oder Pech) keine bestimmte Temperatur gibt, bei der ein sprunghafter Übergang der beiden Zustände erfolgt (*Gläser* erweichen ganz allmählich). Man kann diese Stoffe einerseits als sehr zähe Flüssigkeiten, andererseits wegen ihrer Formbeständigkeit und Elastizität als feste Stoffe auffassen. Infolgedessen ist man übereingekommen, nur Kristalle zu den festen Stoffen zu rechnen. Diese zeichnen sich vor den erwähnten Zwischenstufen dadurch aus, daß — abgesehen von der vorhandenen Formbeständigkeit — manche ihrer Eigenschaften von der Richtung, in welcher man sie im Kristall mißt, abhängig sind. Diese als „Anisotropie" bezeichnete Erscheinung gibt sich darin zu erkennen, daß z. B. Spaltbarkeit, Brechungsindex, Härte, Ausdehnungsvermögen bei ein und demselben Kristall je nach der Richtung verschiedene Größe besitzen.

Anisotropie wird auch bei den *kristallinen Flüssigkeiten* beobachtet, die ein weiteres Zwischenglied zwischen fest und flüssig darstellen; sie besitzen jedoch keine Formbeständigkeit.

15. Kinetische Vorstellungen von den Aggregatzuständen

Mit den Grundsätzen der kinetischen Theorie und den eben beschriebenen Erscheinungen können wir nun ein verfeinertes Bild von den Eigentümlichkeiten der drei

Formarten entwerfen. Die Teilchen eines Gases sind offenbar weder an eine bestimmte gegenseitige Lage noch an eine feste Entfernung voneinander gebunden. Das konstante Volumen der Flüssigkeiten läßt sich unter diesem Gesichtspunkt so deuten, daß die Flüssigkeitsteilchen feste Entfernungen besitzen, die nur durch Aufwand von Arbeit geändert werden können. Zwischen den Teilchen wirken also Kräfte, welche den Abstand der Teilchen bedingen. Beim Versuch, die Entfernungen zu ändern, müssen diese Kräfte überwunden werden. Jede Flüssigkeit besitzt daher eine *Zerreißfestigkeit*, auf deren Vorhandensein z. B. die Möglichkeit zur Bildung von Flüssigkeitsstrahlen beruht. Die Lage der Teilchen zueinander ist in Flüssigkeiten aber beliebig, da Flüssigkeiten nicht formbeständig sind. Die Leichtigkeit, mit der sich die Teilchen gegeneinander verschieben lassen, kann indessen sehr verschieden sein und äußert sich in der *Zähigkeit* der Flüssigkeit, wie aus dem Beispiel der in dieser Hinsicht sehr verschiedenen Flüssigkeiten Äther und Teer hervorgeht.

In festen Körpern ist auch noch die gegenseitige Lage der Teilchen festgelegt, da feste Stoffe auch Formänderungen Widerstand entgegensetzen. Eine Stahlfeder z. B. läßt sich wohl verbiegen, nimmt aber nach Aufhören der wirkenden Kraft ihre frühere Gestalt wieder an; sie ist „elastisch". Die Größe der *Elastizität* kann jedoch sehr verschieden sein, wie man beispielsweise durch Vergleich der elastischen Eigenschaften von Blei und Stahl erkennt.

Feste Stoffe kommen häufig in sehr regelmäßig geformten Stücken vor. Sie bilden Kristalle, deren Form je nach Art der chemischen Zusammensetzung und auch der Herstellungsbedingungen verschieden ist. Die Erforschung dieser Zusammenhänge ist Gegenstand der Mineralogie und Kristallographie.

Die regelmäßige Gestalt der festen Stoffe läßt vermuten, daß auch die Anordnung der kleinsten Bausteine in diesen Fällen eine regelmäßige sein wird. Daß dies tatsächlich so ist, geht aus Versuchen über die *Beugung von Röntgenstrahlen* (d. i. kurzwelliges Licht mit Wellenlängen zwischen 1 und 10 Å;

1 Å = 10^{-8} cm) eindeutig hervor. Durchstrahlt man einen Kristall mit Röntgenlicht, so geht das Licht nicht nur gradlinig hindurch (Primärstrahl), sondern wird an den einzelnen Bausteinen des Kristalls abgebeugt (gestreut), und man erhält ein regelmäßig aussehendes Beugungsbild, bestehend aus einer ganzen Reihe von Strahlen, die den Kristall unter verschiedenen Winkeln verlassen.

Eine solche Beugung von Licht ist immer nur dann möglich, wenn einerseits die streuenden Stellen regelmäßig angeordnet sind und falls andererseits die Wellenlänge des benutzten Lichtes in der Größenordnung des Abstandes der „Beugungszentren" liegt. Durch die beobachtete Beugung von Röntgenstrahlen wird somit eindeutig die gut ausgebildete Ordnung der Bausteine eines Kristalls bewiesen.

Man gelangt so zu der Vorstellung, daß die Teilchen eines Kristalls auf ein räumliches Punktgitter verteilt sind, dessen Art je nach der vorliegenden chemischen Verbindung verschieden ist. Aus Lage, Anzahl und Intensität der gebeugten Strahlen gegenüber dem Primärstrahl lassen sich Anordnung, Abstand und Häufigkeit der Kristallbausteine auf den einzelnen Gitterpunkten, also die „Struktur" des Kristalls genau ermitteln.

Es scheint, daß durch dieses Bild eines festen Stoffes die von der kinetischen Theorie geforderte Bewegung der Teilchen unmöglich wäre, da ja jedes Teilchen an einen bestimmten Platz gebunden ist. Auch hier ist indessen eine Form der Bewegung noch möglich; die Teilchen können nämlich Schwingungen um ihre Ruhelage ausführen, und die kinetische Theorie der spezifischen Wärmen der festen Stoffe zeigt, daß solche Schwingungen tatsächlich vorhanden sind.

Im einfachsten Fall handelt es sich dabei um *„harmonische" Schwingungen.* Das sind Schwingungen, bei denen die Kraft K, welche das schwingende Teilchen in seine Ruhelage zurückzieht, proportional der Entfernung x des Teilchens aus der Ruhelage ist; also $K = k.x$, wo k eine Konstante bedeutet. Die Abhängigkeit der Lage des Teilchens von der Zeit t wird hier durch die Formel beschrieben $x = A \cdot \sin \omega t$. Solche Schwingungen führt z. B. ein Pendel unter dem Einfluß der Schwerkraft aus. Ein harmonisch schwingendes Teilchen bezeichnet man als „harmonischen Oszillator". Einen festen Stoff kann man sich also vorstellen als zusammengesetzt aus harmonischen Oszillatoren, deren Bewegungen miteinander gekoppelt sind.

Die Aggregatzustände unterscheiden sich also kinetisch gesehen durch den Ordnungsgrad der Teilchen, und man kann sich zwei extreme Zustände denken, einerseits die vollständige Unordnung der Teilchen, andererseits eine völlig geordnete Struktur. Den ersten Zustand bezeichnet man als „idealen Gaszustand". Ein in diesem Zustand befindlicher Stoff besitzt gänzlich voneinander unabhängige Teilchen; zwischen ihnen wirken keine Kräfte, die eine Ordnung hervorbringen könnten. Die meisten Gase nähern sich diesem Zustand um so mehr, je geringer der Druck, also je größer der Abstand der Teilchen wird. Eine vollständig geordnete Struktur liegt in einem gut ausgebildeten Kristall bei möglichst tiefer Temperatur vor; denn je tiefer die Temperatur ist, um so kleiner werden die Schwingungen der Teilchen und demzufolge die gegenseitigen Störungen der einzelnen Schwingungen durch die Nachbarteilchen.

Ein wirklicher Kristall ist natürlich nie völlig fehlerfrei. Er besitzt Lücken in der Anordnung seiner Teilchen (*Fehlstellen*), ferner können die Teilchen an manchen Stellen falsch angeordnet sein (*Fehlordnung*). Auch wird seine Oberfläche nie absolut eben sein, also aus einer glatten Schicht von regelmäßig nebeneinander liegenden Molekeln bestehen. Gerade diese Unregelmäßigkeiten sind für das Verständnis der Reaktionsweise fester Körper wesentlich (z. B. feste Katalysatoren, Bd. II).

16. Kinetische Deutung der Zustandsgleichung der Gase

Die auf experimentellem Wege gewonnene Zustands-Gleichung der Gase wollen wir nun mit Hilfe der kinetischen Theorie deuten, d. h. ein Modell eines Gases ersinnen, welches genau das durch Gleichung (7), S. 13 beschriebene Verhalten zeigt. Dadurch gewinnen wir eine verfeinerte, auf mechanische Gesetze zurückgeführte Vorstellung von einem Gas. Zu diesem Zweck müssen wir zunächst Annahmen machen, welche Druck und Temperatur kinetisch erklären.

Die Teilchen eines Gases stellt man sich als Kügelchen vor, die sich in lebhafter, völlig ungeordneter Bewegung befinden und dabei gegeneinander wie auch gegen die Wände des Behälters stoßen. Infolge dieser Stöße wird auf die Wand eine Kraft ausgeübt, welche diese nach außen zu drücken bestrebt ist. Der Druck des Gases ist dann die auf 1 cm^2 Wandfläche ausgeübte Kraft. Die Berechnung dieser Kraft führt also zur Ermittlung des Gasdruckes.

Nach dem Newtonschen Gesetz der Mechanik ist immer Kraft = Masse mal Beschleunigung, und wir müssen daher die Masse eines stoßenden Teilchens und die Änderung seiner Geschwindigkeit während des Stoßes ermitteln. Die Masse einer Molekel ist aus dem Gewicht eines Mols und der in einem Mol enthaltenen Molekelzahl N_L (Loschmidtsche Zahl) bekannt. Zur Ermittlung der Beschleunigung nehmen wir an, das Teilchen habe vor dem Stoß die Geschwindigkeit c und fliege senkrecht auf die Wand zu. Falls der Stoß elastisch erfolgt, wird das Teilchen mit der gleichen Geschwindigkeit zurückgeworfen, und zwar besitzt die Geschwindigkeit jetzt entgegengesetzte Richtung, d. h. das Vorzeichen von c ist nun negativ. Die gesamte Änderung der Geschwindigkeit beträgt also je Stoß $2c$.

Die Angabe der Richtung einer Geschwindigkeit ist offenbar wesentlich, wie sich aus dem Beispiel zweier Molekeln ergibt, die sich auf einer Geraden bewegen und zahlenmäßig gleiche Geschwindigkeiten besitzen. Ist die Richtung der Bewegung die gleiche, so kann nie ein Stoß erfolgen; ist jedoch die eine Geschwindigkeit entgegengesetzter Richtung, so findet ein Zusammenstoß statt. Eine Änderung der Richtung einer Geschwindigkeit bedeutet also immer eine Änderung der Geschwindigkeit überhaupt, selbst wenn — wie im obigen Fall — der Zahlenwert der Geschwindigkeit der gleiche bleibt.

Infolge der gegenseitigen Stöße der Molekeln aufeinander ändern sich Richtung und Wert der Geschwindigkeit eines Teilchens dauernd; d. h. die Teilchen besitzen sehr verschiedene Geschwindigkeiten. Mittelt man jedoch in einem bestimmten Zeitpunkt die Geschwindigkeiten aller Teilchen, so kann man eine mittlere Geschwindigkeit angeben, die jedes Teilchen haben müßte, damit die Summe der Geschwindigkeiten aller Teilchen wieder den gleichen Wert besitzt.

Wir denken uns nun einen gasgefüllten Würfel von 1 cm Kantenlänge, der N Molekeln der Masse m enthalten soll. Die mittlere Geschwindigkeit der Teilchen sei ihrem Wert nach gleich c, während wir die Richtungen vereinfachend derart annehmen, daß gerade auf jede der 6 Würfelflächen je $^1/_6$ der Molekeln senkrecht zufliegt. Jedes der auf eine Würfelfläche zustrebenden Teilchen ist gerade einmal auf die Wand gestoßen, wenn der eine Zentimeter (das ist die größtmögliche Entfernung) durchflogen ist. Da die Molekeln die Geschwindigkeit c haben, ist hierzu wegen der Beziehung: Geschwindigkeit $=$ Weg/Zeit die Zeit $t = \frac{1}{c}$ erforderlich. Während dieser Zeit ändert sich also die Geschwindigkeit jedes Teilchens um $2\,c$, so daß die in die Newtonsche Gleichung der Mechanik einzusetzende Beschleunigung b ($=$ Änderung der Geschwindigkeit/dazu benötigte Zeit) wird $b = \frac{2c}{(1/c)} = 2c^2$. Die Kraft welche alle Teilchen auf die eine Wand von 1 cm² Größe ausüben, ist daher $K = \frac{1}{6} \cdot m \cdot 2c^2 \cdot N$, wobei N die Zahl der Molekeln im ccm bedeutet. Diese Kraft ist laut Definition des Druckes ($=$Kraft/cm²) gleich dem gesuchten Gasdruck p, also

$$p = \frac{1}{6} m \cdot 2c^2 \cdot N = \frac{1}{3} N \cdot mc^2. \tag{8}$$

Legen wir nun der Betrachtung nicht 1 ccm Gas, sondern das Molvolumen v zugrunde, das N_L Molekeln enthält, so gilt die Beziehung $N \cdot v = N_L$ oder $N = \frac{N_L}{v}$. Einsetzen dieser Beziehung in (8) ergibt dann

$$p \cdot v = \frac{1}{3} N_L \cdot mc^2 \qquad (v = \text{Volumen eines Mols}). \tag{9}$$

Wenn man genauestens die Geschwindigkeitsverteilung der Molekeln berücksichtigt, also alle vereinfachenden Annahmen fortläßt, wird übrigens dieselbe Gleichung erhalten.

17. Kinetische Deutung der Temperatur

Diese grundlegende Beziehung der kinetischen Theorie, die den Gasdruck auf die Stöße der Teilchen gegen die Wand zurückführt, hat nun schon einige Ähnlichkeit mit der experimentell ermittelten Zustandsgleichung der Gase. Durch Vergleich beider Formeln gelangen wir zu einer kinetischen Deutung der Temperatur eines Gases. Wir erinnern uns, daß das Produkt $p \cdot v$ bei konstanter Temperatur nach den Versuchen von Boyle und Mariotte immer den gleichen Wert haben muß. Da in Gl. (9) bei konstanter Temperatur die linke Seite konstant ist, muß also auch die rechte Seite immer den gleichen Wert besitzen, solange die Temperatur unverändert bleibt. Da nun Masse (m) und Zahl (N_L) der Teilchen durch Temperaturänderung nicht beeinflußt werden können, muß daher einer geänderten Temperatur eine andere mittlere Geschwindigkeit c der Teilchen und also der gleichen Temperatur die gleiche mittlere Geschwindigkeit entsprechen, wenn das gewählte Modell eines Gases richtig sein soll. Der Ausdruck mc^2, der mechanisch gleich dem Doppelten der *kinetischen Energie eines Teilchens* der Masse m ist, ist also ein *Maß für die Temperatur* und direkt proportional T.

Führt man in Gl. (9) die kinetische Energie E_{kin} aller Teilchen eines Mols ein: $E_{\text{kin}} = N_L \cdot \frac{m}{2} c^2$ und vergleicht dann die rechten Seiten der Gleichungen (7) und (9), so folgt: $RT = \frac{2}{3} E_{\text{kin}}$. Die kinetische Energie der Molekeln eines Mols ist bei der Temperatur T also gegeben durch

$$E_{kin} = \frac{3}{2} RT \qquad \text{(10)} \quad \text{(gültig für ein Mol).}$$

Auf diese wichtige Beziehung werden wir bei der Theorie der spezifischen Wärmen zurückgreifen.

Aus ihr ergibt sich ferner eine anschauliche Bedeutung der absoluten Temperatur: das Erreichen des absoluten Nullpunktes bedeutet einfach, daß bei $T = 0$ die kinetische Energie der Teilchen gleich Null geworden ist. Die Temperaturbewegung der Teilchen ist eingefroren.

18. Zustandsgleichung von Festkörpern und Flüssigkeiten

Flüssigkeiten und feste Stoffe besitzen keine für alle gültige einfache Zustandsgleichung, wie dies bei verdünnten Gasen der Fall ist. Die Form der zwischen p, V und T geltenden Beziehung ist je nach der vorliegenden Verbindung verschieden, und man kann immer nur durch formelmäßiges Erfassen einer Zahl von Versuchsergebnissen eine Beziehung ermitteln, die für einen begrenzten Temperatur- und Druckbereich gilt. Solche in großer Zahl bekannten empirischen Beziehungen vermitteln indessen keine grundsätzlich neuen Erkenntnisse über den flüssigen oder festen Zustand.

Man pflegt die Eigenschaften der festen und flüssigen Stoffe durch den *thermischen Ausdehnungskoeffizienten* α, d. i. die Volumenänderung mit der Temperatur, bezogen auf das Volumen 1, und den *Kompressibilitätskoeffizienten* β, d. i. die Volumenänderung bei Änderung des Druckes, bezogen auf das Volumen 1, anzugeben. Diese beiden Größen hängen außer von der Natur des Stoffes auch noch von der Temperatur ab und entsprechen dem Gay-Lussacschen Gesetz und dem Boyle-Mariotteschen Gesetz für ideale Gase.

Das Bestehen einer allgemein gültigen Zustandsgleichung für Flüssigkeiten bzw. feste Stoffe können wir auch gar nicht erwarten, denn schon die oben besprochenen Gasgesetze geben die Versuchsergebnisse nicht mehr ganz exakt wieder, wenn man den Druck hinreichend hoch und die Temperatur der Gase entsprechend niedrig wählt. Hierbei nähern sich die Molekeln einander und stoßen immer häufiger mit ihresgleichen zusammen. Dabei machen sich dann die zwischen den Molekeln grundsätzlich immer vorhandenen Kräfte stärker bemerkbar, die je nach Art der Molekeln verschieden sind, so daß die Wechselwirkungen stark von dem betrachteten Stoff abhängen müssen. Die Einfachheit der Gasgesetze rührt offenbar daher, daß die Molekeln der Gase bei geringem Druck so große Abstände voneinander haben, daß sich solche individuellen Kraftwirkungen nicht bemerkbar machen. Im Idealfall (bei verschwindend kleinen Drucken) treten solche Kräfte überhaupt nicht auf, weswegen man einen solchen Zustand als den *idealen Gaszustand* bezeichnet.

19. Van der Waalssche Gleichung

Bringt man ein Gas unter hinreichend hohen Druck, so tritt außer den Wechselwirkungen zwischen den Molekeln noch eine andere zu Abweichungen von den idealen Gasgesetzen führende Erscheinung auf. Die Zahl der Molekeln ist dann so groß geworden, daß die Bewegung der einzelnen Teilchen durch das von den Molekeln selbst eingenommene Volumen behindert wird. Das in *ein Mol Gas* für die Bewegung verfügbare Volumen ist um einen Betrag b [cm^3/Mol], der von Stoff zu Stoff verschieden ist, kleiner als im idealen Zustand. Daher ist anstelle von $p \cdot v = RT$ zu schreiben: $p \cdot (v - b) = RT$.

Die zwischen den Molekeln wirkenden Kräfte bedingen eine gegenseitige Anziehung der Teilchen, weswegen eine Molekel, die im Begriff ist auf die Wand zu stoßen, die also nicht mehr allseitig von ihresgleichen umgeben ist, Anziehungskräfte erfährt, welche sie ins Innere des Gases zurückzuziehen suchen. Daher hat der beobachtete Druck p nicht mehr die Größe $p = RT/(v - b)$, sondern ist kleiner als dieser Ausdruck. Das kann man durch ein Glied der Form a/v^2 berücksichtigen: $p = \frac{RT}{v - b} - \frac{a}{v^2}$ oder in Analogie zur idealen Gasgleichung umgeformt:

$$\left(p + \frac{a}{v^2}\right) \cdot (v - b) = RT. \qquad (11)$$

Die *Umrechnung auf n Mole* erfolgt einfach, indem man das Volumen V von n Molen gleich $n \cdot v$ setzt, und in (11) jedes v *durch* V/n ersetzt. Durch Umformen folgt dann für n Mole

$$\left(p + \frac{an^2}{V^2}\right) \cdot (V - nb) = n \cdot RT. \qquad (11a)$$

In Tabellenwerken findet man *a* und *b* immer für ein Mol angegeben.

Diese von van der Waals gefundene Gleichung gibt das Gebiet der komprimierten Gase verhältnismäßig gut wieder, wobei auch der flüssige Zustand rein qualitativ noch ausreichend erfaßt wird (vgl. Bd. II, S. 11—15).

Das Verhalten der realen Gase und Flüssigkeiten kann man noch besser beschreiben, wenn man in die Zustandsgleichung mehr als die 2 Konstanten *a* und *b* einführt. Diese Konstanten erschweren aber die Handhabung der Gleichung, und meist lassen sich für sie auch keine physikalisch sinnvollen Deutungen angeben.

III. Kennzeichnung chemisch reagierender Systeme

20. Kompliziertere Systeme. Reaktionslaufzahl

Für den Chemiker ist die Betrachtung von Mehrstoffsystemen am wichtigsten, denn nur in diesen können chemische Reaktionen ablaufen. Homogene Mehrstoffsysteme sind auch hier wieder am einfachsten zu behandeln. Zur Beschreibung der Reaktion muß nun ebenfalls eine Kenngröße eingeführt werden. Man könnte hier an die Angabe der Konzentration aller beteiligten Stoffe denken. Eine weit einfachere Möglichkeit bietet sich jedoch bei Zurückgreifen auf die Reaktions-Formel, deren allgemeine Form sei:

$$\nu_1 A + \nu_2 B + \ldots \rightarrow \nu_3 C + \nu_4 D \ldots$$

Hierin sollen die ν_i die sogenannten *Äquivalentzahlen* bezeichnen, welche angeben, wieviel Mole der Stoffe sich bei Ablauf der Reaktion miteinander umsetzen. Rechnet man die ν_i der linken Seite negativ (verschwind. Stoffe) und rechts positiv, so gibt $\Sigma\, \nu_i = \nu_1 + \nu_2 + \nu_3 + \ldots$ die Änderung der Gesamtmolzahl während eines *Formelumsatzes* an. Wir wollen nun den Ablauf der Reaktion an der von Schottky eingeführten Zahl λ der (von einem bestimmten Anfangszeitpunkt an erfolgten) Formelumsätze messen.

Diese *Reaktionslaufzahl* steht zu den Änderungen, welche die Molzahlen n_i der einzelnen Stoffe erfahren, in folgender Beziehung:

Während e i n e s Formelumsatzes $(\Delta\lambda = 1)$ ändert sich die Molzahl n_i des i-ten Stoffes um $\Delta n_i = \nu_i$ Mole. Bei einem beliebigen Formelumsatz $\Delta\lambda$ ist also die Änderung der Molzahl des i-ten Stoffes

$$\Delta n_i = \nu_i \cdot \Delta\lambda.$$

Für ganz kleine Umsätze $d\lambda$ gilt also

$$dn_i = \nu_i \cdot d\lambda \quad \text{oder} \quad \frac{dn_i}{d\lambda} = \nu_i.$$

Da diese Gleichung für jeden der beteiligten Stoffe gilt, regelt die Angabe der abgelaufenen Formelumsätze gleichzeitig die Änderung der Molzahlen aller Stoffe. Vorausgesetzt ist dabei, daß man die Reaktionsgleichung genau kennt (Zahlenwerte von ν_i) und auch die Richtung der Reaktion (Vorzeichen der ν_i) festgesetzt hat.

21. Variablensysteme

Je nach den experimentellen Möglichkeiten, die man für eine willkürliche Wahl der Kenngrößen des Systemzustandes hat, kann man entweder

$$V, \lambda, T \quad \text{oder} \quad p, \lambda, T$$

zur Beschreibung des Zustandes des Systems verwenden. Bei Gasreaktionen kann man mit der gleichen experimentellen Leichtigkeit über V oder über p verfügen; bei Festkörperreaktionen ist es jedoch äußerst schwer, ein Gefäßmaterial zu finden, das den durch die Reaktion erstrebten Volumänderungen hinreichenden Widerstand entgegensetzt. Daher ist es z. B. sehr schwierig, V konstant zu halten (was ja eine willkürliche Wahl darstellen würde) und deswegen wählt man zweckmäßig für solche Fälle (die im Labor die häufigsten sind) das Variablensystem p, λ, T. Man wählt also diejenigen Kenngrößen als Variable, die man am leichtesten konstant halten kann, was zunächst paradox erscheinen mag.

22. Phasenumwandlungen

Es sei hier gleich auf eine bei heterogenen Einstoffsystemen mögliche Formulierung aufmerksam gemacht, die für die Anwendung der später abzuleitenden Formeln sehr nützlich ist. Die Umwandlung von z. B. flüssigem Wasser in Wasserdampf läßt sich als chemische Reaktion auffassen, bei der 1 Mol $H_2O_{\text{flüssig}}$ in 1 Mol $H_2O_{\text{gasförmig}}$ übergeht. Die entsprechende Reaktions-Gleichung wäre

$$(H_2O)_{\text{flüssig}} \rightarrow (H_2O)_{\text{gasförmig}},$$

wobei man nur den unveränderten Molekelzustand in Gas und Flüssigkeit voraussetzt. Damit wird auch eine Phasenumwandlung reiner Stoffe durch die Kenngröße λ vollständig beschrieben.

IV. Gesetze des Wärme- und Arbeitsaustausches

Nachdem wir nun eine ungefähre Vorstellung über die Formarten, die Beschreibung ihres Zustandes und die Kennzeichnung chemischer Reaktionen gewonnen haben, können wir an die Beschreibung der *Zustandsänderungen* gehen, die sich bei Austausch von Wärme und Arbeit mit der Umgebung ergeben.

23. Definition der Wärme und Nachweis des Wärmeaustausches

Für den Nachweis des Durchtritts von Wärme durch die Systemgrenzen benutzt man (nach Ulich) eine Art Hg-Thermometer als Zwischenträger für die Wärme zwischen System und Umgebung. Das Hg des Thermometers kann nämlich Wärme aufnehmen, was durch Steigen des Hg in der Kapillare beobachtbar wird. Falls die aufgenommene Wärmemenge von dem Zwischenträger wieder abgegeben wird, so sinkt der Hg-Faden auf seinen alten Stand. Man denkt sich nun System und Umgebung einmal völlig isoliert voneinander und versucht, durch fortwährendes Hin- und Herführen des Zwischenträgers zwischen System und Umgebung die gleiche Veränderung der Kenngrößen des Systems herbeizuführen, wie sie bei direktem Kontakt von System und Umgebung eintritt. Tritt die gleiche Veränderung tatsächlich ein, so ist der Nachweis eines Austausches von Wärme erbracht. Gleichzeitig liefert diese Methode auch ein Maß für die M e n g e der ausgetauschten Wärme durch die Zahl der mit dem Zwischenträger erforderlichen Einzelübertragungen.

24. Maßeinheiten der Wärme

Praktisch mißt man Wärmemengen in Kalorien. Eine (kleine) *Kalorie* (= cal) ist als diejenige Wärmemenge definiert, die erforderlich ist, um 1 g Wasser unter Atmosphärendruck von 14,5° C auf 15,5° C zu erwärmen. Die Technik benutzt auch die Kilokalorie (kcal), die in gleicher Weise für 1 kg Wasser definiert ist *(1 kcal = 1000 cal).*

Elektrisch erzeugte Wärmemengen werden auch in *Wattsekunden* angegeben. Es ist

1 Wattsekunde = 0,239 cal.

25. Nachweis und Definition der Arbeit

Ganz ähnlich läßt sich auch der Nachweis eines Arbeitsaustausches durch Verwendung einer Probiereinrichtung führen. Zuvor sei jedoch die Herkunft des Begriffs Arbeit besprochen. Er entstammt der Mechanik und wird dort als Produkt aus einer Wegstrecke und der längs des Weges überwundenen Kraft definiert. Dabei muß also immer ein makroskopisch sichtbarer Gegenstand längs des betr. Weges transportiert werden. Also muß auch an unserem System bei Arbeitsaustausch eine makroskopisch sichtbare Veränderung stattfinden. Das Übliche ist die Veränderung der Größe des Systems, also eine Volumenänderung, eine Verschiebung der Systemgrenzen. Man spricht dann speziell von einer *Volumarbeit.* Ihr Nachweis gelingt durch optische Beobachtung der Lage der Systemgrenzen. Mit solchen Volumarbeiten werden wir es später ausschließlich zu tun haben.

Es gibt jedoch noch eine weitere Art der Arbeit, nämlich *elektrische Arbeit.* Sie kann jedoch nur beobachtet werden, falls elektrische Ableitungen am System vorhanden sind. Einschluß des Systems in ein (elektrisch leitendes) Metallgefäß verhindert ihr Auftreten vollständig. Es kommt dann zu keinem Austausch elektrischer Arbeit mit der Umgebung. Sie wird uns erst später bei Besprechung der Theorie der galvanischen Elemente näher beschäftigen, wenn nämlich elektrisch geladene Teilchen an den Reaktionen beteiligt sind. Ihr Nachweis kann mit einem kleinen Probemotor erfolgen, der an die elektrischen Leitungen angeschlossen wird und in makroskopisch sichtbare Bewegung gerät, wenn ein Austausch elektrischer Arbeit mit der Umgebung stattfindet. Der Probemotor läßt sich einfacher durch ein Drehspulinstrument ersetzen, dessen Ausschlag man beobachtet.

Wir erkennen aus diesen Beispielen, daß Wärme und Arbeit sich insofern unterscheiden, als ein Wärmeaustausch keine makroskopisch sichtbare Veränderung am System hervorbringt (ein heißer Gegenstand ist von einem kälteren mit dem Auge nicht zu unterscheiden — jedenfalls unterhalb 450° C), während ein Austausch von mechanischer Arbeit immer eine makroskopisch sichtbare Veränderung des Systems bewirkt (z. B. Volumenzunahme).

26. Vorzeichen-Definition

Für thermodynamische Rechnungen ist entscheidend, daß man eindeutig festlegt, welche Austauschrichtung beim Transport von Wärme oder Arbeit die positive sein soll. Zu diesem Zwecke denke man sich selbst im System befindlich, dann erscheint jede *dem System zugeführte* Wärme- oder Arbeitsmenge als Gewinn und soll daher ein für allemal *positiv gerechnet* werden. Diese Festsetzung ist in der Literatur am meisten eingebürgert; sie wird jedoch leider nicht allgemein verwendet, worauf beim Studium anderer Literatur immer genau zu achten ist.

Ferner sollen Unterschiede von Zustandsvariablen wie beispielsweise Volumenänderungen ΔV immer so gerechnet werden, daß

$$\textit{Änderung} = \textit{Endwert} - \textit{Anfangswert}$$

ist (also ΔV = Endvolumen — Anfangsvolumen).

27. Maßeinheiten für Arbeitsgrößen

Mechanische Arbeit läßt sich immer angeben als Kraft mal Weg und wird daher gemessen in *Meterkilogramm* (1 mkg = Überwindung der Kraft 1 kg auf 1 m Wegstrecke) oder in *erg* (1 erg = Überwindung der Kraft 1 dyn auf 1 cm Wegstrecke). Für Volumarbeiten verwendet man häufig die *Literatmosphäre* als Einheit (1 Literatm. = Veränderung eines Volumens um 1 Liter unter Überwindung des Druckes 1 atm.). Daß es sich dabei wirklich um ein Arbeitsmaß handelt, zeigt der Vergleich der „Dimension“

$$[\text{Arbeit}] = [\text{Kraft} \cdot \text{Länge}] = \left[\text{Kraft} \cdot \text{Länge} \cdot \frac{\text{Länge}^2}{\text{Länge}^2}\right] = \left[\frac{\text{Kraft}}{\text{Fläche}} \cdot \text{Volumen}\right] = [\text{Druck} \cdot \text{Volumen}].$$

(Zur Umrechnung der Energieeinheiten vgl. Tabelle 2).

Tabelle 2: Umrechnungsfaktoren von Energieeinheiten

		erg	Wattsek.	Kalorie	Literatm.	mkg
1 erg	=	1	$0{,}9995 \cdot 10^{-7}$	$2{,}39 \cdot 10^{-8}$	$9{,}869 \cdot 10^{-10}$	$1{,}02 \cdot 10^{-8}$
1 Wattsek.	=	$1{,}0005 \cdot 10^{7}$	1	$2{,}39 \cdot 10^{-1}$	$9{,}874 \cdot 10^{-3}$	$1{,}02 \cdot 10^{-1}$
1 Kalorie	=	$4{,}186 \cdot 10^{7}$	4,184	1	$4{,}131 \cdot 10^{-2}$	$4{,}27 \cdot 10^{-1}$
1 Literatm.	=	$1{,}013 \cdot 10^{9}$	$1.013 \cdot 10^{2}$	$2{,}42 \cdot 10$	1	$1{,}03 \cdot 10$
1 mkg	=	$9{,}81 \cdot 10^{7}$	9,80	2,34	$9{,}678 \cdot 10^{-2}$	1
R	=	$8{,}313 \cdot 10^{7}$	8,309	1,986	$8{,}2 \cdot 10^{-2}$	$8{,}48 \cdot 10^{-1}$

28. Arten von Prozessen; Kreisprozesse

Denken wir uns ein System durch V, λ, T gekennzeichnet, so können sich bei einer Zufuhr von Wärme zum System alle drei Variablen ändern. Das wird ohne besondere Vorsichtsmaßnahmen auch eintreten. Jedoch können wir durch geeignete Wahl der experimentellen Bedingungen dafür sorgen, daß sich jeweils nur e i n e dieser Variablen verändert.

Damit V sich nicht ändert, schließen wir z. B. das System in absolut feste Wände ein, konstantes λ erfordert Ausschaltung jeder chemischen Reaktion (also spezielle Wahl der Bestandteile des Systems), und die Temperatur läßt sich dadurch konstant halten, daß man jeweils durch eine wärmeleitende Schleuse (Metallblech in der sonst nicht wärmeleitenden Wand) soviel Wärme zu- oder abführt, daß ein im System hängendes Thermometer dauernd die gleiche Temperatur anzeigt.

Die entsprechenden Vorgänge, die bei Konstanthaltung einer Variablen dann noch möglich sind, haben bestimmte Namen. Man nennt einen Vorgang

bei konstantem Volumen	*isochor,*
bei konstanter Temperatur	*isotherm,*
bei konstantem Druck	*isobar.*

Denkt man jeden Wärmeaustausch verhindert, so spricht man von einem *adiabatischen* Vorgang.

Eine besonders einfach zu behandelnde Art von Prozessen sind die *Kreisprozesse,* die dadurch gekennzeichnet sind, daß mit dem System zwar nacheinander eine ganze Serie von Zustandsänderungen durchgeführt wird (und bei denen Wärme- oder Arbeitsaustausch mit der Umgebung durchgeführt wird oder nicht), die jedoch schließlich das System wieder genau in den Ausgangszustand zurückführen. Die Wärme- und Arbeitseffekte, die als Resultat eines solchen Kreisprozesses auftreten, sind das einzige, worum man sich zu kümmern braucht, da das System selbst laut Voraussetzung keine Veränderung seines Zustandes erlitten hat.

29. Aufteilung der Wärmeeffekte

Ebenso wie es möglich ist, eine Variable konstant zu halten, läßt sich auch die alleinige Veränderung einer einzigen (willkürlich ausgesuchten) Variablen experimentell realisieren.

1. Führt man dem System Wärme zu und läßt nur T-Änderungen zu, so erhöht sich lt. experimentellem Befund die Temperatur *(Temperatur-Wärme).* Näheres: S. 47.
2. Hält man V, T konstant, so kann Wärmezufuhr nur eine Änderung von λ hervorrufen. (Diese Wärmezufuhr ist also nicht von T-Änderung begleitet.) Ein Beispiel wäre die teilweise Verdampfung einer Flüssigkeit, welche lt. experimentellem Befund ohne T-Änderung erfolgt. Solche Wärmen heißen „latente" Wärmen,

in diesem Spezialfall der λ-Änderung auch *Reaktions-Wärmen*. (Näheres: S. 85.)

3. Verhindert man Reaktion und T-Änderungen, so bleibt als Effekt einer Wärmezufuhr zum System nur eine Volumänderung zu erwarten. Man spricht dann von *latenter Volumwärme* (latent wieder wegen der nicht eintretenden T-Änderung). Die Volumänderung ist natürlich gleichzeitig Anlaß zu einem Arbeitsumsatz.

30. Aufteilung der Arbeitseffekte

Auch den Arbeitsaustausch kann man unter Veränderung von jeweils nur e i n e r der Zustandsvariablen (z. B. V, λ, T) durchführen:

1. Soll nur V verändert werden (bei λ = konstant und T = konstant), so spricht man von *Volumenarbeit*. (Näheres: folgender Abschnitt.)
2. Ist der Arbeitsaustausch nur durch den Ablauf einer Reaktion bedingt, ohne daß sich V und T ändern, so sprechen wir von *Reaktionsarbeit* oder *chemischer Arbeit*. Diese chemische Arbeit läßt sich z. B. an der Reaktion

$$Zn + CuSO_4 \rightarrow Cu + ZnSO_4$$

bei geeigneter Anordnung (konstantem Volumen und elektrischen Ableitungen) direkt als elektrische Arbeit sichtbar machen. *Ob eine chemische Arbeit beobachtbar ist, hängt aber ganz von der gewählten Versuchsanordnung ab!* In unserem Beispiel kann man sie n i c h t beobachten, wenn man einen *Zn*-Stab direkt in $CuSO_4$-Lösung taucht. Trotzdem ist sie für jede Reaktion eine sehr wichtige, ja ausschlaggebende Größe. Nur ist ihre *Meßbarkeit* an bestimmte Voraussetzungen gebunden (reversible Durchführung der Reaktion! Siehe S. 79).
3. Der Fall, daß Arbeitsaustausch nur eine Temperaturänderung bewirkt, ohne daß sich V bzw. λ ändern, ist nicht bekannt. *Eine „Temperaturarbeit" gibt es daher nicht.*

31. Volumenarbeit

Ihre Größe läßt sich formelmäßig leicht angeben, wenn wir als System beispielsweise eine Gasmenge in einem Zylinder mit beweglichem Kolben betrachten (vgl. Fig. 1).

Der Kolben bleibt nur dann an einer Stelle im Gleichgewicht, wenn der vom Gas ausgeübte Innendruck p durch eine von außen wirkende gleichgroße Gegenkraft K aufgehoben wird. In dem einfachen Fall, daß $p = 1$ Atm. ist, wird diese Gegenkraft von der umgebenden Atmosphäre geliefert. Stellt man den Zylinder in ein Vakuum, so muß dem beliebigen Druck p des Gases anderweitig das Gleichgewicht gehalten werden. Eine Bewegung des Kolbens, also eine Volumenänderung, erfordert immer die Überwindung einer dieser gegeneinander gerichteten Kräfte, nämlich bei Ausdehnung des Gases Überwindung der von außen wirkenden Kraft, bei Kompression Überwindung des Druckes p des Gases. Will man das Volumen des Gases ändern, so muß also immer mechanische Arbeit (= Kraft mal Weg) umgesetzt werden.

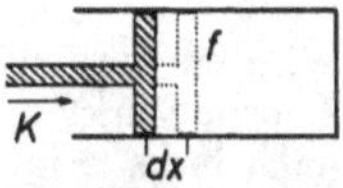

Fig. 1

Eine Volumenänderung kann nun auf verschiedene Weise vorgenommen werden. Einwirkung einer verhältnismäßig großen Kraft von außen komprimiert das Gas augenblicklich, wobei eine Temperaturerhöhung erfolgt, wie man an jeder Fahrradpumpe beobachten kann. Die aufgewandte mechanische Energie wird also in Wärmeenergie umgewandelt, was kinetisch so zu deuten ist, daß die schnelle Bewegung des Kolbens Wirbel in dem Gase hervorruft, deren kinetische Energie sich im Laufe der Zeit in ungeordnete Bewegung der Molekeln, also in Wärme umsetzt. Eine schnelle Ausdehnung bewirkt analog eine Abkühlung des Gases.

Bei sehr langsamer Kompression, also Einwirkung einer nur kleinen Kraft, unterscheiden sich Außen- und Innendruck zu jedem Zeitpunkt nur außerordentlich wenig. Es ist daher jederzeit möglich, durch Wegnahme der kleinen drückenden Kraft das Ausgangsvolumen wieder herzustellen. Hier liegt also ein *reversibler* Vorgang vor, im Gegensatz zur schnellen Kompression, welche *irreversibel* verläuft, da die durch Wirbelbildung verbrauchte mechanische Energie nicht wieder zurückgewonnen werden kann.

Wir betrachten nun irgendeinen Augenblick des reversiblen Vorganges, nämlich den Fall, daß der Kolben durch eine Kraft K nur um eine sehr kleine Wegstrecke dx bewegt wird. Die Kraft, welche längs dieses Weges zu überwinden ist, ist gegeben durch den Druck p des Gases. Dieser wirkt auf die Fläche f des Kolbens und sucht ihn nach links (Fig. 1) zu verschieben. Ein Druck ist nun definiert als Kraft pro cm^2, also muß auf dem Wege dx die Kraft $p \cdot f$ überwunden werden. Die dem System zugeführte Arbeit dA, die infolge des nur unendlich kleinen Weges dx ebenfalls nur unendlich klein ist, beträgt also $dA = p \cdot f \cdot dx$. Das Produkt $f \cdot dx$ stellt nun aber die Volumenänderung dV dar, welche das Gas bei der Kompression erleidet. Ist die Volumenänderung positiv, d. h. vergrößern wir das Volumen von V auf $V + dV$, so verliert das System mechanische Energie, d. h. A ist negativ. dA und dV besitzen also immer entgegengesetzte Vorzeichen, was wir dadurch ausdrücken, daß wir schreiben:

(12) $dA = -p \cdot dV$ (dV = *Endvolumen-Anfangsvolumen*).

Diese wichtige Beziehung gilt nicht nur für Gase, sondern für alle Stoffe und ist auch unabhängig von der hier angenommenen Zylinderform des Behälters.

Die unendlich kleinen Größen dx und dA bezeichnet der Mathematiker als Differentiale.

32. Endliche Volumenänderung

Erfolgt statt einer sehr kleinen eine endlich große Volumenänderung, so muß man beachten, daß im Falle idealer Gase nach dem Gesetz von Boyle-Mariotte ($p \cdot V =$ konst.) der Druck vom jeweiligen Volumen abhängig ist. In das Produkt $p \cdot dV$ ist also jeden Augenblick ein anderer Druck einzusetzen; aus allen diesen unendlich kleinen Schritten ergibt sich dann die gesamte geleistete Arbeit als Summe. Wählt man die dV alle gleich groß, so ist also

$$-A = p_1 \cdot dV + p_2 \cdot dV + p_3 \cdot dV + \ldots = \sum p_i \cdot dV \cdot$$

Graphisch stellt das Gesetz von Boyle-Mariotte eine Hyperbel dar (s. Fig. 2). Die Produkte $p \cdot dV$ werden in einem p, V-Diagramm dargestellt durch die Fläche eines Rechtecks der Höhe p und der Breite dV. Die Summe $\Sigma\, p_i \cdot dV$ ist die Summe aller dieser Rechtecke, also gleich dem Flächenstück unterhalb der Hyperbel bis zur V-Achse zwischen den V-Werten V_1 und V_2. Die Größe A wird durch diese Summe um so genauer festgestellt, je kleiner dV gewählt wird. Geht dV gegen Null, so ist das Ergebnis exakt. Man drückt das dadurch aus, daß man statt des Summenzeichens $\sum$ das „Integralzeichen" $\int$ schreibt und die Volumengrenzen vermerkt:

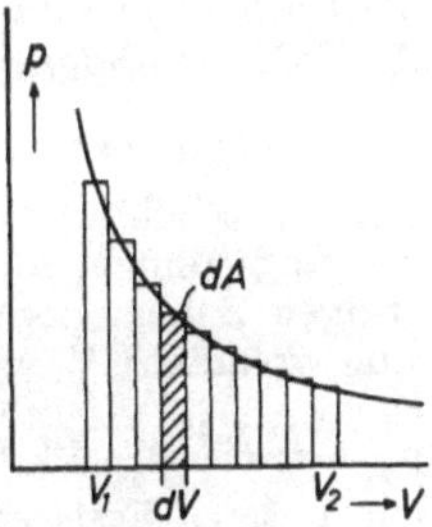

Fig. 2

$$A = -\int_{V_1}^{V_2} p \cdot dV \cdot \tag{13}$$

Für die Auswertung solcher Integrale gelten die von der Mathematik abgeleiteten allgemeinen Formeln (vgl. Bürklen-Ringleb: Mathem. Formelsammlung; Samml. Göschen Bd. 51 a).

Im Fall idealer Gase kann man p mit Hilfe der Zustandsgleichung $pV = n \cdot RT$ durch V ausdrücken: $p = \frac{n \cdot RT}{V}$ und erhält $A = -n \cdot RT \int_{V_1}^{V_2} \frac{dV}{V}$. Nach den Regeln der Integralrechnung ist dann

$$\boxed{A_{rev} = n \cdot RT \cdot \ln \frac{V_1}{V_2}}\,, \tag{14}$$

worin „ln" den natürlichen Logarithmus mit der Basis

$e = 2{,}71828\ldots$ bedeutet. Diese wichtige und häufig benutzte Formel stellt also die mechanische Arbeit dar, die bei *isothermer und reversibler* (daher der Index „*rev*" an *A*) *Volumenänderung von idealen Gasen* umgesetzt wird.

Das Vorzeichen von *A* wird durch dasjenige von $\ln \frac{V_1}{V_2}$ bestimmt, da alle übrigen Größen immer positiv sind, während die Logarithmen kleinerer Zahlen als 1 negativ, die aller übrigen Zahlen positiv sind. Für Kompression ist das Ausgangsvolumen V_1 größer als das Endvolumen V_2, also $\frac{V_1}{V_2} > 1$. $\ln \frac{V_1}{V_2}$ ist dann positiv, also auch *A*. Das stimmt mit unserer Festsetzung auf S. 35 überein, nach der dem System zugeführte Energien positiv zu rechnen sind. Bei Ausdehnung von Gasen von V_1 auf V_2 mit $V_1 < V_2$ ist $\ln \frac{V_1}{V_2}$ negativ, also auch *A*.

33. I. Hauptsatz für Kreisprozesse, Energie

An Kreisprozessen kann man ein grundlegendes Gesetz über den Arbeits- und Wärmeaustausch besonders einfach studieren, das das Verhältnis von Arbeit und Wärme zueinander klärt. Eine ganze Reihe solcher Kreisprozesse hat Joule durchgemessen und unter anderem den sogen. „Rührkreisprozeß" untersucht. Das System besteht aus einer Wassermenge in einem mit mechanisch angetriebenem Rührer versehenen Behälter. Durch Betätigung des Rührers führt man dem System Arbeit zu. Als Ergebnis findet man experimentell eine Temperaturerhöhung des Systems (also des Wassers). Um das System am Ende des Prozesses wieder auf die Ausgangstemperatur zu bringen, muß man die offenbar entstandene Wärme an die Umgebung abführen. Es wird also in diesem Rührkreisprozeß Arbeit in Wärme verwandelt. Das bemerkenswerte Ergebnis von Joule und von ungezählten anderen ähnlichen Untersuchungen war, daß *eine bestimmte Arbeitsmenge immer genau die gleiche Wärmemenge* ergibt, gleichgültig wie man den Kreisprozeß zur Umwandlung der Arbeit in Wärme experimentell gestaltet. Das heute genau bekannte Verhältnis ist

$$1\ cal = 0{,}4269\ mkg.$$

Es wird *mechanisches Wärmeäquivalent* genannt und dient zur Umrechnung von Arbeit in Wärmeeinheiten und umgekehrt. Zur Umrechnung der Einheiten ineinander dienen die Angaben der Tab. 2 (Seite 36).

Dies Ergebnis über die Äquivalenz von Arbeit und Wärme ist allgemeingültig. Man hat niemals eine Ausnahme davon gefunden und faßt daher Arbeit und Wärme zu einem Oberbegriff *Energie* zusammen. Damit kann man folgende (gleichwertige) Formulierungen dieses allgemeinen Naturgesetzes angeben, das man als *I. Hauptsatz der Thermodynamik* bezeichnet:

1. Bei einem Kreisprozeß ist es *nicht möglich, Energie aus Nichts zu erzeugen. Es finden immer nur Umwandlungen der Energieformen statt. (Prinzip der Erhaltung der Energie* bei Kreisprozessen; Energiesatz.) Gilt auch für Nicht-Kreisprozesse!
2. Mathematisch: Bezeichnen wir Arbeitsmengen mit A und Wärmemengen mit Q und beachten die Vorzeichen-Definition von S. 35, so kann man schreiben:

   $$\sum_{\circ} A + \sum_{\circ} Q = 0.$$

   In Worten: *Die Summe aller Arbeits- und Wärmebeträge, die im Laufe eines Kreisprozesses ausgetauscht werden, ist gleich Null.*

Dabei sind natürlich alle Energien in einheitlichem Maß anzugeben, also z. B. die Arbeitsgrößen in cal, wenn die Q in cal gemessen wurden.

34. Innere Energie als Zustandsfunktion

Der I. Hauptsatz für Kreisprozesse läßt sich leicht auf beliebige Vorgänge erweitern. Zu diesem Zweck zeichnen wir die Zustandsänderungen des Systems während eines beliebigen Kreisprozesses auf, indem wir z. B. die Veränderungen des Volumens V und der Temperatur T in ein Koordinatensystem eintragen (Fig. 3). Jeder Punkt der T, V-Ebene entspricht dabei einem bestimmten Wertepaar von Volumen und Temperatur und die durch die geschlossene Linie dargestellten Zustandsänderungen soll unser System nacheinander in der Pfeilrichtung durchlaufen, bis der Anfangszustand („Start") wieder erreicht ist.

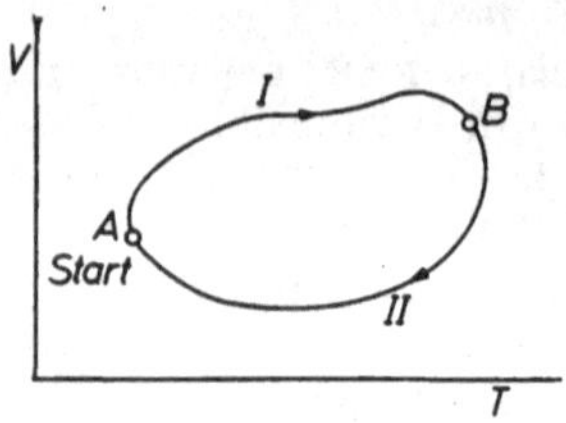

Fig. 3

Für diese Umsätze an Arbeit und Wärme muß dann gelten

$$\sum_{\circ} A + \sum_{\circ} Q = 0.$$

Greifen wir jetzt einen beliebigen Zustandspunkt B heraus, den das System während des Kreisprozesses berührt, so kann man die obige Gleichung aufteilen in

$$I\sum_{A}^{B} A + I\sum_{A}^{B} Q + II\sum_{B}^{A} A + II\sum_{B}^{A} Q = 0. \tag{15}$$

Denken wir nun den Teilweg II des Kreisprozesses in umgekehrter Richtung durchlaufen, so werden auch jeweils die Arbeits- und Wärmeumsätze das umgekehrte Vorzeichen bekommen. Also wird gelten

$$-II\sum_{A}^{B} A = II\sum_{B}^{A} A \quad \text{und} \quad II\sum_{B}^{A} Q = -II\sum_{A}^{B} Q.$$

Durch Einsetzen in Gleichung (15) folgt dann

$$I\sum_{A}^{B} A + I\sum_{A}^{B} Q = II\sum_{A}^{B} A + II\sum_{A}^{B} Q,$$

was man vereinfacht auch schreiben kann:

$$I\sum_{A}^{B} (A + Q) = II\sum_{A}^{B} (A + Q),$$

d. h., die Summe über alle Arbeits- und Wärmeumsätze ist auf Weg I und Weg II (beide von A nach B durchlaufen) die gleiche. Da die beiden Wege I und II völlig willkürlich gewählt sind, gilt dasselbe für j e d e n Weg.

Die $\Sigma\ (A+Q)$ ist also nur von den E n d punkten A und B abhängig, nicht vom Wege. Man kann daher auch sagen: Die Zustandspunkte A und B unterscheiden sich um ein ganz bestimmtes $\Sigma\,(A+Q)$. Ordnet man also einem einzigen Zustandspunkt einen willkürlich wählbaren Zahlenwert (z. B. Null) zu, so liegen die Werte von $\Sigma\,(A+Q)$ *für jeden anderen Zustandspunkt* *e i n d e u t i g* fest. $\Sigma\ (A+Q)$ ist also (bis auf eine willkürliche Konstante) eine Zustandsfunktion. Man bezeichnet diese Funktion zweckmäßig mit einem neuen Buchstaben U und nennt sie die *Innere Energie* des Systems. Die genaue Definition würde heißen:

$$\sum_{A}^{B} (A+Q) \equiv U_B - U_A \equiv \Delta U_{AB}.$$

Für die Zwecke der Thermodynamik kommt man immer mit Differenzen von U zwischen zwei Zustandspunkten oder kürzer zwischen zwei „Zuständen" des Systems aus. Daher ist die Festlegung des Nullpunktes für die U-Zählung unwichtig.

Da diese Definition der Inneren Energie unter wesentlicher Benutzung des I. Hauptsatzes für Kreisprozesse gewonnen wurde, kann man die Definitionsgleichung als kürzesten Ausdruck für den Energiesatz benutzen, etwa in der abgekürzten Form

$$\Delta U = \Delta A + \Delta Q,$$

d. h. eine Änderung ΔU der Inneren Energie U kann nur durch Arbeitsumsatz ΔA und Wärmeumsatz ΔQ zustande kommen. Verschwindet z. B. Arbeit oder Wärme im System, so kann sie nur als Innere Energie „gespeichert" worden sein, umgekehrt kann eine vom System gelieferte (abgegebene) Arbeits- oder Wärmemenge nur dem Vorrat des Systems an Innerer Energie entstammen. Wir können also die *Innere Energie als neue Energieform* auffassen.

Für ganz kleine Zustandsänderungen eines Systems wird man nur differentiell kleine Energieumsätze zu erwarten haben. Dann schreibt man

$$\boxed{dU = \delta A + \delta Q}\quad.$$

Das „*d*" bedeutet, genau wie in der Mathematik, daß *dU* ein „vollständiges" Differential ist, d. h. einer eindeutigen Funktion der Zustandsvariablen zugehört. Wählen wir als Variable *V*, *λ*, *T*, so ist nach den Vorschriften der Mathematik das vollständige Differential *dU* gegeben durch

$$dU = \frac{\partial U}{\partial V}\, dV + \frac{\partial U}{\partial \lambda}\, d\lambda + \frac{\partial U}{\partial T}\, dT,$$

wobei die runden „∂" in üblicher Weise die partiellen Differentialquotienten der Funktion *U* (*V*, *λ*, *T*) andeuten sollen.

A und *Q* sind im Gegensatz zu *U* k e i n e Zustandsfunktionen. Ihre Einzelwerte hängen entscheidend auch vom durchlaufenen Wege ab. Daher müssen kleine Umsätze in *A* und *Q* mit einem anderen Zeichen, dem „δ", benannt werden. $\frac{\delta Q}{dT}$ ist also k e i n Differentialquotient nach den Regeln der Mathematik, sondern ein Quotient aus zwei endlichen, allerdings sehr kleinen Größen.

35. Innere Energie idealer Gase

Als Beispiel der Anwendung des I. Hauptsatzes betrachten wir die reversible Volumänderung eines idealen Gases. Bei Ausdehnung gegen den Druck *p* gibt das System die Arbeit $A = -\int_{V_1}^{V_2} p \cdot dV$ ab. Man kann nun die Ausdehnung auch gegen den Druck $p = 0$, d. h. in ein Vakuum hinein (z. B. durch Öffnen eines Hahnes) vornehmen. Dann ist der Arbeitsumsatz $\Delta A = 0$, weil kein Widerstand zu überwinden ist. Nun nehmen wir weiter eine e x p e r i m e n t e l l e Erfahrung von Gay-Lussac hinzu. Er beobachtete, daß *bei* der *Ausdehnung einer Gasmenge ins Vakuum* hinein *keine Temperaturänderung* erfolgt. Das bedeutet, daß das Gas weder Wärme von außen aufnimmt noch nach außen abgibt ($\Delta Q = 0$). Mit $\Delta A = 0$ und $\Delta Q = 0$ folgt dann aus dem I. Hauptsatz auch $\Delta U = 0$. Das Volumen der Gasmenge hat sich nun aber geändert (während die Temperatur konstant geblieben ist), d. h.

die Innere Energie idealer Gase ist vom Volumen unabhängig. In mathematischer Schreibweise:

$$\left(\frac{\partial U}{\partial V}\right)_T = 0 \quad \text{(für ideale Gase).} \tag{16}$$

Die kinetische Theorie erklärt dies Verhalten folgendermaßen: Die innere Energie des Gases besteht teils aus der kinetischen Energie der Teilchen infolge ihrer Zickzackbewegung, teils aus Energie, die den Teilchen selbst innewohnt (z. B. Schwingungen oder Rotationen der Atome in den Molekeln). Nach der Gleichung $E_{\text{kin}} = (3/2) . RT$ ist die kinetische Energie n i c h t vom Volumen abhängig, sondern nur von der Temperatur. Die Energie im Inneren einer Molekel ist nun ebenfalls vom Volumen unabhängig, da in einem idealen Gas die Teilchen derart weit voneinander entfernt sind, daß sie sich nicht gegenseitig beeinflussen. Die Summe beider Anteile der Inneren Energie kann also nur von der Temperatur, nicht aber vom Volumen abhängen.

36. Wärmekapazität, spezifische Wärmen

Wie hoch bei Zufuhr einer gegebenen Wärmemenge die Temperatur eines gerade betrachteten Systems steigt, hängt nach den experimentellen Erfahrungen von der Größe und der stofflichen Zusammensetzung des betreffenden Systems ab. Wir definieren die *für 1° C Temperaturerhöhung erforderliche Wärmemenge* als *Wärmekapazität des Systems.*

Am einfachsten liegen die Verhältnisse bei einem homogenen Einstoffsystem (z. B. 13 g flüssiges Wasser). Es zeigt sich, daß die Temperaturerhöhung umgekehrt proportional der Stoffmenge im System ist, daß also 1° Temperaturerhöhung durch um so mehr Wärme bewirkt wird, je höher die Stoffmenge im System ist. (Die Wärme verteilt sich dann auf mehr Moleküle.) Vergleicht man Systeme aus jeweils 1 Gramm verschiedener Stoffe, so ergibt sich 1° Temperaturerhöhung durch immer andere Wärmemengen. Man bezeichnet die zur Erzielung von 1° Temperaturänderung in 1 g reinem Stoff erforderliche Wärmemenge als *spezifische Wärme c*. Sie ist also eine Stoffkonstante.

Auf Grund dieser Erfahrung hat man auch die Einheit der Wärmemenge durch die spezifische Wärme des Wassers festgelegt. Auf Wasser fiel die Wahl deswegen, weil es leicht zugänglich und leicht zu reinigen ist, sowie außerdem die höchste spezifische Wärme besitzt, daher liegen alle spezifischen Wärmen unterhalb 1.

Ähnlich wie man auf 1 g bezieht, kann man auch als Stoffmenge jeweils 1 Mol wählen und spricht dann von der M o l - w ä r m e eines Stoffes. Beide Größen werden mit c bezeichnet, da Mißverständnisse schlecht möglich sind.

Die spezifischen Wärmen sind weiterhin verschieden groß, je nachdem wir zur Kennzeichnung des Zustandes unseres Systems V, λ, T oder p, ', T als Variable wählen. Im ersten Fall geben wir die Wärmemenge Q bei konstantem Volumen ins System und beobachten die Temperaturerhöhung, im zweiten Fall muß p konstant gehalten werden (λ-Änderungen sind in beiden Fällen definitionsgemäß verboten). Die experimentellen Zahlenwerte sind in den beiden Fällen unterschiedlich und daher kennzeichnet man die spezifische Wärme bei V = konst. als c_v und diejenige bei p = konst. als c_p. Die entsprechenden Wärmekapazitäten eines ganzen (beliebig gearteten) Systems sollen mit C_v bzw. C_p bezeichnet werden.

Zur *mathematischen Formulierung* wenden wir den I. Hauptsatz an:

$$dU = \delta A + \delta Q.$$

U ist Funktion von V und T (λ-Änderungen sollen nicht eintreten); also gilt mathematisch

$$dU = \frac{\partial U}{V \partial} \cdot dV + \frac{\partial U}{\partial T} dT.$$

Da das *Volumen* konstant gehalten wird, ist $dV = 0$, d. h. $\delta A = 0$ und durch Gleichsetzung beider rechter Seiten folgt

$$\delta Q \equiv \left(\frac{\partial U}{\partial T}\right) \cdot dT.$$

Die Wärmemenge δQ erzeugt $dT°$ Temperaturänderung, also wird 1° Temperaturänderung hervorgerufen durch $c_v \equiv \delta Q/dT$ Kalorien. Somit kann man auch schreiben

$$\boxed{c_v = \frac{\delta Q}{dT} = \left(\frac{\partial U}{\partial T}\right)_v},$$

d. h. *die spezifische Wärme bei konstantem Volumen ist gleich der Änderung der Inneren Energie mit der Temperatur.*

Man kann nun — im besonderen auch bei unserem im Zylinder der Fig. 1, S. 39 eingeschlossenen Gasvolumen — die Wärmezufuhr derart vornehmen, daß der *Druck p konstant* bleibt, während sich das Volumen dabei dann ändert. In diesem Fall wird nicht die gesamte zugeführte Wärme Q zur Erhöhung der inneren Energie (also der Temperatur) beitragen, da infolge der Volumenänderung die mechanische Arbeit $-\int_{V_1}^{V_2} p \cdot dV$ umgesetzt wird. Die spezifische Wärme bei konstantem Druck $c_p \equiv \delta Q/dT$ unterscheidet sich daher von c_v; und zwar ist meist $c_p > c_v$, da die meisten Stoffe sich bei Temperaturerhöhung ausdehnen, das System im Fall $p =$ konst. also mechanische Arbeit abgibt. Um die gleiche Temperaturerhöhung des Systems zu erhalten, muß man also bei konstantem Druck mehr Wärme hineinstecken als bei konstantem Volumen.

Die Arbeit A ist für den Fall konstanten Drucks besonders einfach zu berechnen. Sie ist einfach gleich $p(V_1 - V_2)$, wo V_1 das Anfangsvolumen und V_2 das Endvolumen bedeutet. Es gilt also für Temperaturänderungen bei konstantem Druck $\delta Q = c_p \cdot dT$; $\delta A = -p \cdot dV$; $dU = \delta Q + \delta A = c_p \cdot dT - p \cdot dV$.

Für ideale Gase kann man, da $p \cdot (V_1 - V_2)$ aus der Zustandsgleichung berechenbar ist, einen einfachen und wichtigen Zusammenhang zwischen c_p und c_v angeben, der also für alle Gase der gleiche ist. Wir betrachten die Änderungen der Inneren Energie, die eintreten, wenn man die Wärmemenge δQ einmal bei konstantem Volumen und einmal bei konstantem Druck zuführt. Die Änderung der Inneren Energie ist bei idealen Gasen in beiden Fällen die gleiche, da der einzige Unterschied in der Volumänderung besteht und nach Gl. (16) S. 47 die Innere Energie idealer Gase vom Volumen unabhängig ist. Bei konstantem Volumen ist die Änderung der Inneren Energie $dU_1 = c_v \cdot dT$, im zweiten Fall ist $dU_2 = c_p \cdot dT - p \cdot dV$. Da nun die Volumänderung dV auf Grund der eingetretenen Temperaturänderung dT erfolgt ist, muß nach der Zustandsgleichung der idealen Gase gelten: $p \cdot dV = R \cdot dT$. Also wird $dU_2 = c_p \cdot dT - R \cdot dT$. Da $dU_1 = dU_2$ ist, gilt also $c_v \cdot dT = c_p \cdot dT - R \cdot dT$ oder vereinfacht $c_v = c_p - R$, woraus durch Umformung erhalten wird

$$\boxed{c_p - c_v = R} \quad \textit{(für ideale Gase).}$$

37. Kinetische Theorie der spezifischen Wärmen von Gasen

Für Gase hat man experimentell die in Fig. 4 wiedergegebenen Werte der spezifischen Wärmen bei konstantem Volumen in Abhängigkeit von der Temperatur gefunden. Die Figur zeigt, daß der Zahlenwert von c_v (je Mol) einerseits von der Temperatur und andererseits im wesentlichen von der Atomzahl der betrachteten Molekel abhängt. Da wir für die Temperatur schon eine kinetische Vorstellung entwickelt haben, muß der Tatbestand der Fig. 4 sich kinetisch deuten lassen.

Wenn die Temperaturänderung eines Gases sich in einem Wechsel der kinetischen Energie E_{kin} der Molekeln

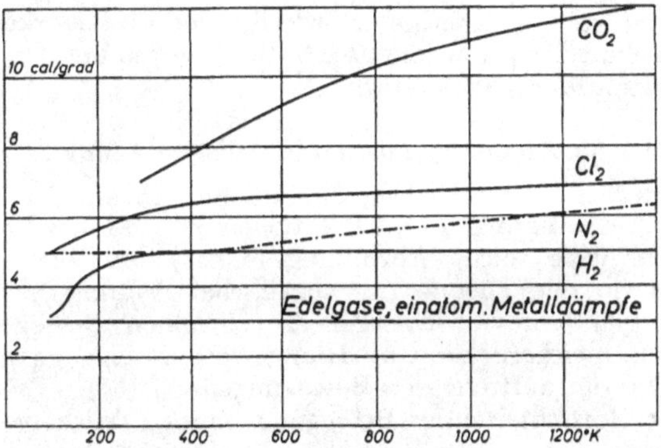

Fig. 4

auswirkt, wie dies nach der Formel $E_{kin} = \frac{3}{2} RT$ zu erwarten ist, so hätte man bei 1° Temperaturänderung eine Erhöhung der E_{kin} um $\frac{3}{2}$ *R cal* zu fordern. Da $R = 1{,}986 \approx 2$ *cal* ist, muß in einem solchen Fall $c_v = \frac{3}{2} \cdot 2 = 3$ *cal/o* werden, und zwar unabhängig von T selbst. Experimentell findet man tatsächlich diesen Wert bei einatomigen Gasen, wie Fig. 4 zeigt. Man entnimmt der Figur ferner, daß dieser Wert der kleinste vorkommende ist, also jedes andere (vor allem höheratomige) Gas eine höhere spezifische Wärme besitzt. Der höhere Energiebetrag wird also in diesen Fällen nicht nur zur Steigerung der E_{kin} der Teilchen und damit der Temperatur (nach der kinetischen Vorstellung) verwendet, sondern wird auf andere Weise in dem Gas „gespeichert". Solche anderen *Speicherungsmöglichkeiten* sind die bei mindestens 2-atomigen Molekeln auftretenden *Schwingungen* der Atome gegeneinander innerhalb der Molekel, sowie die *Rotation* der einzelnen Molekeln um sich selbst. Zur Anregung dieser Bewegungen ist zwar Energie erforderlich, jedoch bewirken sie keine Steigerung der kinetischen Stoßenergie der Teilchen und damit der Temperatur.

38. Freiheitsgrade der Molekelbewegung

Natürlich ist es möglich, die Art und Anzahl der möglichen Schwingungen und Rotationen einer Molekel abzuzählen. Eine solche Abzählung nützt jedoch erst dann etwas (in der Theorie der spezifischen Wärmen), wenn man weiß, wieviel Energie die einzelnen Bewegungsformen speichern können. Hierzu verhilft eine genauere Analyse der auftretenden Bewegungen.

Die fortschreitende Bewegung eines Teilchens der Masse ist energetisch durch seine $E_{kin} = \frac{m}{2} w^2$ gekennzeichnet. Man muß also die Geschwindigkeit w des betr. Teilchens kennen, um seine Temperatur und damit seine E_{kin} angeben zu können. Nun ist die Geschwindigkeit aber ein Vektor (also eine gerichtete Größe), deren Kennzeichnung erst dann vollständig ist, wenn man außer dem Absolutbetrag auch die Richtung (bezogen auf irgendein räumliches Koordinatensystem) angibt. Ausreichend sind z. B. die Längen der 3 Projektionen des Geschwindigkeitsvektors auf die 3 Achsen eines rechtwinkligen Koordinatensystems, die man als „Komponenten" der Geschwindigkeit bezeichnet. Die 3 Komponenten kennzeichnen also die kinetische Energie des Teilchens vollständig. Man bezeichnet die *Zahl der zur Kennzeichnung nötigen Bestimmungsstücke* als *Freiheitsgrade der* (fortschreitenden) *Bewegung*. Da eine Bevorzugung irgendeines Freiheitsgrades bei der Energiespeicherung (wegen der willkürlichen Lage des Koordinatensystems) nicht einzusehen ist, kann man schließen, daß von der gesamten $E_{kin} = \frac{3}{2} RT$ jeder Freiheitsgrad $\frac{RT}{2}$ speichert, also jeder Freiheitsgrad bei Erhöhung der Temperatur um 1° $\frac{R}{2}$ cal aufnimmt.

Dieser Gedanke läßt sich nun auf die im folgenden noch zu bestimmenden Freiheitsgrade der Rotation und der Schwingungen übertragen, da auch die Bevorzugung von Freiheitsgraden irgendeiner Herkunft durch nichts gerechtfertigt erscheint. Dies läßt sich allgemein streng beweisen.

Die *Rotation* einer Molekel um eine im Raum beliebig liegende Achse, läßt sich ähnlich wie die Geschwindigkeit auch durch Angabe der Anteile dieser Rotation in Richtung von 3 senkrecht aufeinander stehenden Koordinatenachsen eindeutig beschreiben. Die Mechanik lehrt, daß dazu am besten die sogen. „Hauptträgheitsachsen" des betr. Teilchens verwendet werden können (s. Fig. 5). Für die Rotation gibt es also auch 3 Freiheitsgrade, die je $\frac{R}{2}$ zur spezifischen Wärme beitragen.

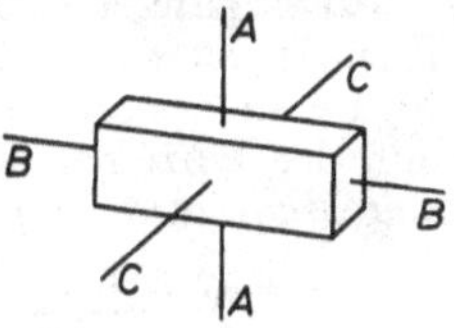

Fig. 5

Zur Abzählung und Kennzeichnung der möglichen *Schwingungen* eines Moleküls aus n Atomen führt der Gedanke, daß die n Atome des Moleküls bei Nichtbestehen der chemischen Bindungen je 3 Freiheitsgrade besitzen (denn sie können einzeln nur Translationen ausführen), und daß die Zahl 3 n dieser Bestimmungsstücke sich nicht vermindern wird, wenn die chemischen Bindungen, also der Molekelverband hergestellt wird. Da nun 3 Freiheitsgrade für die Translation des Moleküls und 3 Freiheitsgrade für die Rotation verbraucht sind, bleiben noch 3 n-6 Freiheitsgrade für die Bestimmung aller möglichen Schwingungsformen übrig. Ein 3-atomiges Molekel hätte daher 3·3-6 = 3 Schwingungsfreiheitsgrade. Man wählt für diese Freiheitsgrade die sog. Normalschwingungen aus, die für das H_2O-Molekül in Fig. 6 aufgezeichnet ist.

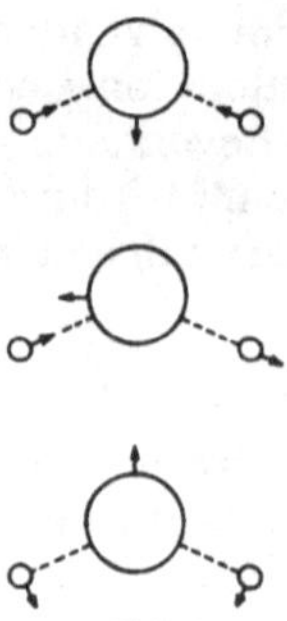

Fig. 6

Eine scheinbare Schwierigkeit tritt nach der Formel für *2-atomige* Teilchen auf, da hier ganz sicher eine und nur eine Schwingungsform vorhanden ist, während die Formel $3 \cdot 2—6 = 0$ Schwingungsfreiheitsgrade ergibt. Man stellt jedoch leicht fest, daß eine solche 2-atomige Molekel tatsächlich *nur 2 Rotationsfreiheitsgrade* besitzt. Denn die Rotation um die Verbindungslinie der Atome hat überhaupt kein Trägheitsmoment (oder doch nur ein gleich kleines wie die Rotation eines A t o m e s um sich selbst es besitzt). Daher kann dieser Freiheitsgrad keine Energie speichern. Damit folgt für a l l e (auch mehratomigen) gestreckten Molekeln als Formel für die Schwingungsfreiheitsgrade *3n—5*.

Schwingungen speichern nun nicht nur kinetische Energie, sondern auch potentielle Energie, und zwar im Mittel in gleichem Betrage. Bei Verteilung der Energie auf die einzelnen Freiheitsgrade sind *Schwingungsfreiheitsgrade* also *doppelt zu zählen.*

Die Anwendung dieser Gesichtspunkte auf die Theorie der spezifischen Wärmen der Gase führt zu Tabelle 3, deren Vergleich mit Fig. 4 die Übereinstimmung mit dem

Tabelle 3

Atomzahl pro Molekel	Freiheitsgrade translat.	rotat.	c_v (ohne Schwingungen)
1	3	0	(3/2) R = 3 cal
2	3	2	(3/2) bis (5/2) R = 3-5 cal
3 (gestreckt)	3	2	(5/2) R = 5 cal
3 (gewinkelt	3	3	(6/2) R = 6 cal

Experiment zeigt. Die beobachtete Temperaturabhängigkeit der Molwärme c_v läßt sich durch Beachtung der Tatsache erklären, daß die Energiespeicherung einer Molekel ein Vorgang in atomaren Dimensionen ist, auf welchen zwangsläufig die Gesetze der Quantentheorie anzuwenden sind. Der *grundlegende Satz der Quantentheorie* behandelt nun gerade die Aufnahme von Energie durch Teilchen atomarer Größe. Es mußte von Planck (1900) zur Erklärung der Gesetze der Wärmestrahlung (Umwandlung von Wärme- in Lichtenergie) angenommen werden und lautet:

Führt ein System periodische Bewegungen (Schwingung, Rotation) aus, so kann es Energie nicht in beliebig großen Anteilen, sondern nur in „Quanten" aufnehmen oder abgeben, deren Größe zu der Frequenz ν der periodischen Bewegung in der Beziehung steht: $\varepsilon = h \cdot \nu$, worin h eine universelle Naturkonstante, das „Plancksche Wirkungsquantum" bedeutet. h hat den Wert $6{,}627 \cdot 10^{-27}$ erg.sek.

Reicht also die Temperaturbewegung der Teilchen eines Gases n i c h t aus, um durch Stöße eine Schwingung der Frequenz ν anzuregen, so speichert diese Schwingung (oder Rotation) keine Energie. Man sagt dann, dieser Freiheitsgrad sei *eingefroren* oder „nicht angeregt".

Bei welchen Temperaturen Schwingungen oder Rotationen angeregt werden, hängt von der Art des untersuchten Stoffes ab, nämlich von der Festigkeit der Bindung der Atome bzw. dem Trägheitsmoment des Atomskeletts. Je fester die chemische Bindung ist, um so höher muß die anregende Temperatur liegen, da die Frequenz der Schwingung parallel der „Steifheit" der Bindung geht. Aus Fig. 4 ist sofort erkennbar, daß N_2 eine festere Bindung als Cl_2 besitzen muß. (Den Massenunterschied der Atome N bzw. Cl muß man natürlich auch berücksichtigen.)

39. Flüssigkeiten

Flüssigkeiten weisen hinsichtlich ihrer spezifischen Wärmen kein so einfach zu formulierendes Verhalten auf wie Gase. Dies ist auch nicht verwunderlich, wenn man bedenkt, daß die gegenseitige Beeinflussung der Flüssigkeitsteilchen, die sich in Schwingungen und Rotationen der Molekeln auswirken kann, sehr vielfältig sein dürfte. Man kann daher für die Energiemengen, welche durch diese zwischenmolekularen Kräfte gespeichert werden können, keine allgemein gültigen Angaben machen.

40. Spezifische Wärme fester Stoffe

Die spezifische Wärme fester Stoffe, die immer bei konstantem Druck gemessen wird, läßt sich indessen durch die kinetische Theorie deuten. Das ist aus dem Grunde möglich, weil wir für den festen Zustand ein allgemein gültiges Modell kennen. Wie schon früher erwähnt wurde (S. 24), besteht die einzige wesentliche Bewegungsmöglichkeit der Bausteine eines Kristallgitters in Schwingungen um eine feste Ruhelage. Nur in diesen Schwingungen kann Energie gespeichert werden.

Denken wir uns, daß im einfachsten Fall alle Gitterbausteine aus Atomen bestehen (feste Elemente) und die Schwingungen harmonisch verlaufen. Zur Festlegung der Bewegung eines Teilchens sind dann drei Bestimmungsstücke notwendig (Oszillation in Richtung von drei senkrechten Achsen); es besitzt drei Freiheitsgrade, die doppelt zu zählen sind, da kinetische und potentielle Energie gleichzeitig gespeichert werden. Sind alle Schwingungen angeregt, was bei hinreichend hohen Temperaturen der Fall sein wird, so sollte in Analogie zu den bei Gasen gemachten Ausführungen die spezifische Wärme (Atomwärme) von 1-atomigen Kristallen $3 \cdot 2 = 3R \approx 6$ cal/Grad betragen. *Dulong* und *Petit* haben auch wirklich gefunden, daß die *Atomwärme vieler Elemente etwa 6,4 cal/Grad* beträgt.

Das ist jedoch ein Zufallsergebnis, denn es gibt, hauptsächlich bei den *leichtesten Elementen,* eine ganze Reihe von Stoffen, welche der Dulong-Petitschen Regel nicht folgen. Das hat seine Ursache darin, daß einerseits die Anregung von Schwingungen von der Bindungsfestigkeit im Gitter abhängt und andererseits in wirklichen festen Stoffen nicht nur harmonische Schwingungen einer einzigen Frequenz, sondern im allgemeinen gestörte Schwingungen der verschiedensten Frequenzen vorliegen. Die Art der Frequenzwerte hängt dabei von den elastischen Eigenschaften der Kristalle ab. Die Bindungsfestigkeit zweier Atome wird um so größer sein, je dichter sich die Teilchen einander nähern können, je kleiner also die Atome sind. Das Diamantgitter des Kohlenstoffs (kleine Bausteine, dichte Packung) besitzt aus diesem Grunde bei Zimmertemperatur einen Wert von $c_p = 1{,}34$ cal/Grad, der also von der Dulong-Petitschen Regel stark abweicht, sich aber bei höherer Temperatur dem Wert von 6 cal/Grad nähert. Man besitzt eine von Debye, Planck und Einstein stammende genaue Theorie der spezifischen Wärmen fester Stoffe, in welcher die obengenannten Gesichtspunkte verarbeitet sind, und die mit den experimentellen Ergebnissen übereinstimmt.

41. Arbeitserzeugung aus Wärme

Auf Seite 42 wurden nur solche Kreisprozesse betrachtet, bei denen Arbeit in eine Wärmemenge umgewandelt wird. Während die Umwandlung Arbeit → Wärme tatsächlich immer möglich ist, stößt man bei dem *Versuch, Wärme in Arbeit zu verwandeln,* gelegentlich auf *Schwierigkeiten,* wie einige einfache Beispiele zeigen: Ein fallender Stein, der auf eine Unterlage auftrifft, erwärmt diese infolge des Aufpralls. Die kinetische Energie des Steins wird also in Wärme umgewandelt. Wenn man nun versuchen wollte, umgekehrt durch Erwärmung der Unterlage den Stein wieder in die Höhe zu schnellen (ihm also wieder kinetische Energie zu erteilen), so sieht man sofort ein, daß dies auf keine Weise möglich ist. Hier handelt es sich also um einen Vorgang, der nicht umkehrbar (*irreversibel)* ist. Mittels dieses Prozesses kann also Wärme nicht in mechanische Arbeit umgewandelt werden, obwohl das Umgekehrte ohne weiteres möglich ist.

Man beobachtet weiter, daß ein Wärmetransport zwischen zwei Körpern verschiedener Temperatur immer nur derart vor sich geht, daß die Wärmeenergie des heißeren zum kälteren Stoff wandert. Der umgekehrte Fall, daß der heißere Körper in Kontakt mit dem kälteren nun noch heißer wird, ist nie beobachtet worden. Die *Wärmeleitung* ist also auch ein irreversibler Vorgang.

Ferner sind alle diejenigen Prozesse, bei denen irgendeine Form der *Reibung* auftritt, irreversibel (z. B. Feilstriche. die das bearbeitete Werkstück erhitzen; jedes Lager einer Maschine). Bei allen Reibungsvorgängen wird mechanische Arbeit in Wärme verwandelt, und es ist — wenn man das wollte — nur unter Zuhilfenahme weiterer Vorrichtungen möglich, diese Wärmeenergie wieder in mechanische Arbeit umzusetzen.

Man erkennt aus dem letzten Beispiel, daß praktisch überhaupt keine völlig umkehrbaren (reversiblen) Vorgänge verwirklicht werden können; denn in jeder Vorrichtung befinden sich Stellen, an denen Reibung vorhanden ist. Solche reversiblen Vorgänge sind immer nur ideale Grenzfälle, die wir in Form von *Gedankenexperimenten* bei der Ableitung von Formeln noch häufig verwenden werden. Eine recht gute Annäherung an die Umkehrbarkeit stellen z. B. die *Schwingungen eines Pendels* dar, da hier die Reibung verschwindend klein gehalten werden kann. (Bei Pendelschwingungen wird abwechselnd kinetische Energie in potentielle Energie verwandelt und umgekehrt.)

Die Wärme nimmt unter den Energieformen noch in anderer Hinsicht eine Sonderstellung ein. Man erhält zwar immer aus 0,427 mkg mechanischer Arbeit eine Kalorie, gleichgültig bei welcher Temperatur die Kalorie erzeugt wird. Der Zahlenwert des mechanischen Wärmeäquivalents ist also von der Temperatur unabhängig. Besitzt man jedoch anfangs eine Kalorie, so ist es bezüglich der Effekte, die man mit ihr erzielen kann, keineswegs gleichgültig, bei welcher Temperatur die Kalorie zur Verfügung steht. Will man z. B. ein Gramm Wasser von 50° C auf 51° C erwärmen, so ist das mit einer bei 100° oder gar bei 1000° vorliegenden Kalorie ohne weiteres möglich, mit einer bei 0° C gegebenen Kalorie jedoch nicht. *Was man mit einer Wärmemenge anfangen kann, hängt also ganz von der Temperatur ab, bei der sie gegeben ist.*

42. II. Hauptsatz

Diese allgemeinen Erfahrungen über das Vorhandensein irreversibler Prozesse faßt man in dem II. Hauptsatz der Thermodynamik zusammen, der also Angaben darüber enthält, wann und in welchem Maße eine Umwandlung von Wärmeenergie in Arbeit möglich oder unmöglich ist. Diese Aussage ist notwendig, da der I. Hauptsatz nur angibt, daß *im Falle* einer Umwandlung von Wärme bzw. Arbeit ineinander die Summe beider Energieformen konstant bleiben muß.

Als *Formulierung des II. Hauptsatzes* wählt man meist die von *Planck* herrührende Fassung:

Es ist unmöglich, eine periodisch arbeitende Maschine zu ersinnen, die nichts weiter bewirkt als Abkühlung eines Wärmebehälters und Hebung einer Last. (Prinzip der Unmöglichkeit des Perpetuum mobile II. Art.)

Eine solche Maschine könnte z. B. den ungeheuren Wärmevorrat des Ozeans zum Antrieb einer Schiffsmaschine verwenden, indem sie dem Wasser Wärme entnimmt und diese in mechanische Arbeit für die Fortbewegung des Schiffes umwandelt. Der II.Hauptsatz sagt aber aus, daß es eine solche Vorrichtung nicht geben kann.

43. Irreversible und reversible Kreisprozesse

Als Ergebnis der Betrachtung der obigen Beispiele können wir zwei typisch irreversible Effekte unterscheiden, die also auch bei Kreisprozessen auftreten werden:

1. Absinken von *Wärme von hoher zu tiefer Temperatur* (Wärmeleitung).
2. *Umwandlung von Arbeit in Wärme* einheitlicher Temperatur (z. B. Reibung, Rühren).

Will man möglichst viel von einer gegebenen Wärmemenge in Arbeit verwandeln, so muß man in dem durchzuführenden Kreisprozeß diese beiden typisch irreversiblen Schritte vermeiden. Mit anderen Worten: Der untersuchte Kreisprozeß muß in allen Schritten r e v e r s i b e l sein.

Um die Gesetzmäßigkeiten bei solchen reversiblen Kreisprozessen studieren zu können, verwendet man möglichst einfache Kreisprozesse, wie sie schon von Carnot untersucht wurden. Ein Kreisprozeß, der isotherm arbeitet, kann *nicht* zur Umwandlung von Wärme in Arbeit benutzt werden, denn nach der Formulierung des II. Hauptsatzes von Planck ist gerade diese Umwandlung nicht möglich. Sie widerspricht allen Erfahrungen. Daher muß der fragliche Kreisprozeß bei mindestens zwei Temperaturen Wärme mit der Umgebung austauschen. *Kreisprozesse mit nur zwei Austauschtemperaturen heißen Carnotsche Kreisprozesse.*

44. Carnotscher Kreisprozeß

Wir stecken bei einer Temperatur T_1 eine gegebene Wärmemenge Q_1 in unser beliebig beschaffenes System hinein (man kann als Anhalt für die Vorstellung eine Gasmenge in einem Zylinder mit beweglichen Kolben wählen. Das Gas könnte jedoch für das folgende ebensogut durch eine Flüssigkeit ersetzt werden) und versuchen, *möglichst viel von dieser Wärme in Arbeit umzuwandeln*, aber so, daß schließlich das System wieder seinen Anfangszustand erreicht. Erlaubt soll dabei sein, bei einer tieferen Temperatur T_2 eine Wärmemenge Q_2 wieder abzuführen. Außerdem sollen alle vorkommenden Schritte reversibel sein. (Vgl. auch Fig. 7, S. 65.)

Die Zufuhr von Q_1 zum System kann man nur isotherm, also bei der Temperatur T_1 vornehmen, denn würde das System durch die Wärmezufuhr wärmer, so würde sofort durch (irreversible!) Wärmeleitung zwischen System und Umgebung ein Teil der Wärme wieder zur Umgebung zurückfließen. Um also die Wärmezufuhr reversibel vornehmen zu können, muß Q_1 sofort in eine andere Energieform übergeführt werden. Im Sinn unserer Absicht, Arbeit zu gewinnen, werden wir also durch Ausdehnung des Systemvolumens um einen entsprechenden Betrag das System Arbeit abgeben lassen, genau vom Betrage der zugeführten Q_1 Kalorien. Dies geht durch reversible Ausdehnung des Systems (des Gases), und man hat nun schon die gesamte Wärmemenge Q_1 in Arbeit übergeführt, aber leider hat das Systemvolumen nun durch die Ausdehnung nicht mehr seinen alten Wert. Diese Volumenänderung muß nun unter möglichst wenig Arbeitsaufwand rückgängig gemacht werden, wobei nach S. 60 der Wärmeaustausch bei einer tieferen Temperatur T_2 benutzt werden darf. Wir suchen also die tiefe Temperatur T_2 in einem 2. Schritt zu erreichen, der aber keinen Wärmeaustausch enthalten darf, denn erst wenn T_2 wirklich erreicht ist, darf wieder Wärmeaustausch erfolgen. Der 2. Schritt muß also adiabatisch durchgeführt werden. Eine Temperaturerniedrigung ist möglich, indem wir nochmals expandieren (jetzt adiabatisch!). Hierbei gibt das System nochmals Arbeit an die Umgebung ab, verliert also an Energie, ohne daß von der Umgebung eine Nachlieferung erfolgt, weswegen die Temperatur sinkt. Bei T_2 angekommen, komprimieren wir im 3. Schritt das System isotherm. Hierbei wird eine Wärmemenge Q_2 an die Umgebung abgegeben, die der (von außen dem System zugeführten) Kompressionsarbeit genau gleich ist. Allerdings dürfen wir nicht bis zum Anfangsvolumen des Systems komprimieren, da dann zwar das Volumen, nicht aber die Temperatur den Ausgangswert (T_1) besitzen würde. Wir komprimieren im 3. Schritt nur so weit, daß eine im 4. Schritt erfolgende adiabatische Kompression das System die Ausgangstemperatur T_1 *und* das Ausgangsvolumen erreichen läßt.

Unser reversibler Carnotscher Kreisprozeß hat also zwei isotherme und zwei adiabatische Teilschritte, für welche die Arbeitsbeträge und Wärmeumsätze auszurechnen sind. Dies ist für ein ideales Gas als arbeitendes System ohne weiteres möglich, da man dessen Zustandsgleichung kennt.

45. Eigenschaften reversibler Carnotscher Kreisprozesse

Satz I: *Ein reversibler Carnotscher Kreisprozeß muß einen Arbeitseffekt haben.*

Dies ist nicht selbstverständlich, da man die Forderung des Wärmetransports von höherer zu tieferer Temperatur auch ohne Arbeitsumsatz für möglich halten könnte. Dies ist natürlich möglich, jedoch nur durch den typisch irreversiblen

Vorgang der Wärmeleitung, der in dem reversibel angenommenen Kreisprozeß ausdrücklich verboten ist.

Deswegen müssen Q_1 und Q_2 (vgl. Seite 60/61) verschieden groß sein. Da außerdem der I. Hauptsatz gilt $[\Sigma A + \Sigma Q = 0$ im Kreisprozeß], muß gelten

$$A = -(Q_1 + Q_2).$$

In dem beschriebenen Kreisprozeß (Seite 60) hat Q_1 positives und Q_2 negatives Vorzeichen, ferner ist $T_1 > T_2$ gewählt. Daher wird A nach obiger Gleichung negativ, d. h. das System gibt Arbeit an die Umgebung ab. Dies ist der Typ der „Wärmekraftmaschine", speziell der Dampfmaschine.

Man kann auch den umgekehrten Fall betrachten, daß nämlich in einer „Kraftkältemaschine" Arbeit ins System gesteckt werden muß, um der Umgebung bei der tieferen Temperatur T_2 die Wärmemenge Q_2 zu entziehen (Abkühlung der „Umgebung") und sie bei höherer Temperatur T_1 wieder einer anderen Stelle der Umgebung zufließen zu lassen. Dann ist also

$$A > 0; \; Q_2 > 0; \text{ und } Q_1 < 0.$$

Satz II: *Reversible Carnotsche Kreisprozesse liefern ein Maximum an Arbeit aus einer gegebenen Wärmemenge.*

Der Beweis dieses Satzes ist ein typisches Beispiel für die thermodynamische Schlußweise. Man weist einfach nach, daß die Möglichkeit, mit einem irreversiblen Kreisprozeß *mehr* Arbeit zu erhalten, einen Widerspruch zur Planckschen Formulierung des II. Hauptsatzes ergibt.

Wir denken uns zwischen den Temperaturen T_1 und T_2 zwei Kreisprozesse: einen davon irreversibel (I_{irr}) und einen reversibel (II_{rev}) arbeitend. Wichtig ist ferner die Angabe, daß *beide bei T_2 die gleiche Wärmemenge Q_2 an die Umgebung* abführen.

Nehmen wir jetzt an, daß I_{irr} mehr Arbeit an die Umgebung liefert als II_{rev}. Dann wird als Q_1 in I_{irr} anfänglich (wegen des I. Hauptsatzes) mehr Wärme hineingesteckt als in II_{rev}. Nun kann man die Wärmemenge Q_2, die durch I_{irr} bei T_2 ankommt, mittels des in umgekehrter Richtung durchgeführten II_{rev} wieder auf die höhere Temperatur T_1 befördern, wozu man aber lt. Voraussetzung weniger Arbeit braucht als in I_{irr} entstanden ist.

Es bleibt als Ergebnis vom Ablauf des Prozesses I_{irr} ein Arbeitsbetrag übrig, und dafür ist das entsprechende Äquivalent an Wärme (von Q_1 her) verschwunden. Weiter ist in der ganzen Welt nichts passiert, und man könnte nun mit der abwechselnden Durchführung von I_{irr} und II_{rev} (umgekehrt) portionsweise soviel Wärme in Arbeit verwandeln wie man will. Das wäre aber genau das, was nach der Planckschen Formulierung des II. Hauptsatzes aller Erfahrung widerspricht.

Daher kann es keinen irreversiblen Kreisprozeß geben, der mehr Arbeit liefert als ein reversibler.

Gleichviel Arbeit wie ein reversibler Kreisprozeß kann bei einem irreversiblen Kreisprozeß auch nicht erhalten werden, denn dann könnte man ihn ja rückgängig machen, d. h. seinen Effekt umkehren, womit er zu einem reversiblen (= umkehrbaren) Kreisprozeß geworden wäre. Die Voraussetzung der Irreversibilität wäre damit verletzt.

Also bleibt nur der Wortlaut des Satz II als Tatbestand übrig.

Satz III: *Der Effekt eines reversiblen Carnotschen Kreisprozesses ist von der Art des Prozesses und damit vom Arbeitsstoff* (im System) *sowie auch vom Wege* (den die Zustandsänderungen im einzelnen durchlaufen) *unabhängig.*

Der Beweis läßt sich wörtlich von Satz II übertragen, wenn man auch I als reversiblen Kreisprozeß annimmt, sonst ihm aber die gleichen Eigenschaften wie bei Satz II zuschreibt (gleiches Q_2, größerer Arbeitseffekt als bei Prozeß II). Auch hier führt die Annahme von Verschiedenheiten in A, falls sich I und II in Art, Arbeitsstoff oder Weg des Carnotschen Kreisprozesses unterscheiden, zu einem Perpetuum mobile II. Art.

Als Folgerung aus den angeführten Sätzen I bis III schließen wir, daß es *genügt, den Effekt irgendeines* besonders einfachen Carnotschen *Kreisprozesses zu berechnen.* Dann kann man die erhaltene Formel auf alle reversiblen Carnotschen Kreisprozesse übertragen. Diese Rechnung ist für ein ideales Gas als Arbeitsstoff durchführbar.

Dazu muß man jedoch noch das Verhalten eines idealen Gases bei adiabatischer Volumänderung kennen.

46. Gleichung der Adiabaten

Bei einer adiabatisch geleiteten Zustandsänderung darf das System definitionsgemäß keine Wärme mit der Umgebung austauschen. Führen wir mit einem idealen Gas eine adiabatische Zustandsänderung durch, so gilt natürlich der I. Hauptsatz:

$$dU = \delta Q + \delta A.$$

Da keine Wärme mit der Umgebung ausgetauscht werden soll, ist $\delta Q = 0$ und der I. Hauptsatz erhält die Form

$$dU = -p \cdot dV \text{ (wegen } \delta A = -p \cdot dV).$$

Fassen wir nun U als Funktion von V und T auf, so gilt für das vollständige Differential nach den Regeln der Mathematik

$$dU = \frac{\partial U}{\partial V} \cdot dV + \frac{\partial U}{\partial T} \cdot dT.$$

In dieser Gleichung ist nun aber nach S. 47 $\left(\frac{\partial U}{\partial V}\right)_T = 0$, da es sich um ideale Gase handelt; ferner ist auf Grund der Definition der spezifischen Wärme c_v auf S. 49 $\left(\frac{\partial U}{\partial T}\right)_v = c_V$. Also können wir für dU auch schreiben $dU = c_V \cdot dT$. Setzt man diesen Wert von dU mit dem aus dem I. Hauptsatz folgenden gleich, so erhält man für ein Mol

$$(17) \quad \boxed{c_v \cdot dT = -p \cdot dv} \quad \textit{adiabatische Zustandsänderung.}$$

Da nun wegen der Zustandsgleichung der idealen Gase $p = RT/v$ ist, folgt weiter

$$c_v \cdot dT + RT \cdot (dv/v) = 0$$

oder

$$dT/T + (R/c_v)\,(dv/v) = 0.$$

In dieser Form läßt sich die Gleichung integrieren, und es ergibt sich

$$\ln T + (R/c_v)\cdot \ln v = konst.$$

Auf Grund der Rechenregeln für Logarithmen $\ln a + \ln b = \ln(a\cdot b)$ und $n\cdot \ln x = \ln x^n$ läßt sich das auch schreiben

$$T \cdot v^{(R/c_v)} = \text{konst.}$$

Für ideale Gase ist nach S. 48 $R = c_p - c_v$; *wenn wir* noch c_p/c_v *mit* $\varkappa$ bezeichnen, so folgt

$$T \cdot v^{\varkappa-1} = \text{konst.}$$

Diese Beziehung muß also für jede mit idealen Gasen durchgeführte adiabatische Zustandsänderung erfüllt sein. Es ist die Gleichung der Adiabaten. Mittels der Zustandsgleichung idealer Gase kann man noch T durch p ersetzen: $T = p \cdot v/R$, und es folgt dann

$$\boxed{p \cdot v^{\varkappa} = \text{Konst.}} \quad \textit{(Gleichung der Adiabaten).}$$

Das ist eine Gleichung, die dem Boyle-Mariotteschen Gesetz ganz ähnlich sieht.

47. Carnotscher Kreisprozeß für ideale Gase

In Fig. 7 sind die einzelnen Schritte eines Carnotschen Kreisprozesses im V, T-Diagramm dargestellt. Die Isothermen 12 und 34 sind Waagerechte, während die adiabatischen Teilschritte 23 und 41 der Kurve $T \cdot v^{\varkappa-1}$ = konst. entsprechen. Da bei jedem Teilschritt Volumänderungen erfolgen, setzt sich die „Arbeitsbilanz" des Prozesses aus 4 Teilbeträgen zusammen:

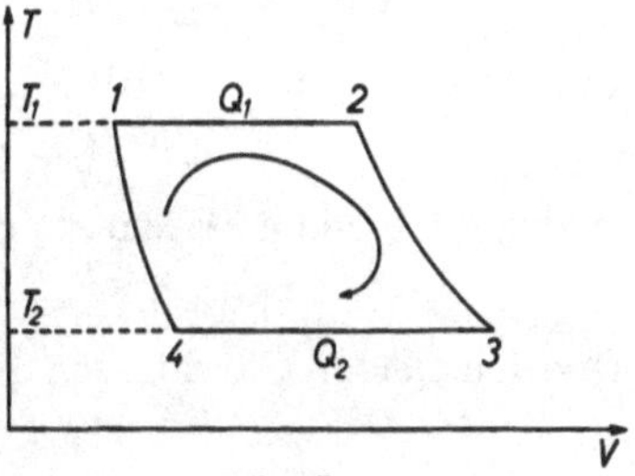

Fig. 7

$$A = A_{12} + A_{23} + A_{34} + A_{41}.$$

Die Wärmebeträge sind Q_1 (im Schritt 12) und Q_2 (im Schritt 34). Wegen der isotherm erfolgenden Umsätze ist $Q_1 = -A_{12}$ und $Q_2 = -A_{34}$. Ferner muß nach dem I. Hauptsatz gelten

$$A = -(Q_1 + Q_2).$$

Nach S. 41 ist

$$A_{12} = RT_1 \cdot ln\frac{v_1}{v_2}$$

$$A_{34} = RT_2 \cdot ln\frac{v_3}{v_4} \left(= - RT_2 \cdot ln\frac{v_4}{v_3}\right).$$

Für die adiabatischen Schritte gilt allgemein nach Gl. (17)

$$c_v \cdot dT = -p \cdot dv.$$

Also

$$A_{23} = -\int_{v_2}^{v_3} p \cdot dV = \int_{T_1}^{T_2} c_v \cdot dT,$$

wobei also die v-Grenzen des Integrals über v durch die entsprechenden T-Grenzen zu ersetzen sind. Analog folgt

$$A_{41} = -\int_{v_4}^{v_1} p \cdot dV = \int_{T_2}^{T_1} c_v \cdot dT = -\int_{T_1}^{T_2} c_v \cdot dT$$

und somit

$$A_{23} = -A_{41}.$$

Als Arbeitsumsatz bleibt also

$$A = A_{12} + A_{34} = RT_1 \cdot ln\frac{v_1}{v_2} - RT_2 \cdot ln\frac{v_4}{v_3}.$$

Für die Punkte 2 und 3 als Punkte der gleichen Adiabaten gilt

$$T_1 \cdot v_2^{\varkappa-1} = T_2 \cdot v_3^{\varkappa-1}.$$

analog für 1 und 4 als Punkte der anderen Adiabaten

$$T_1 \cdot v_1^{\varkappa-1} = T_2 \cdot v_4^{\varkappa-1}.$$

Division beider Gleichungen liefert

$$\frac{v_1}{v_2} = \frac{v_4}{v_3}.$$

Damit ergibt sich für

$$A = R \cdot (T_1 - T_2) \cdot ln \frac{v_1}{v_2}.$$

Wegen $Q_1 = - A_{12}$ folgt

$$Q_1 = - RT_1 \cdot ln \frac{v_1}{v_2}$$

und wegen $Q_2 = - A_{34}$

$$Q_2 = - RT_2 \cdot ln \frac{v_3}{v_4} = + RT_2 \cdot ln \frac{v_1}{v_2}.$$

Wir finden damit für das Verhältnis des Arbeitsumsatzes A zur hineingesteckten Wärmemenge Q_1:

$$\frac{A}{Q_1} = \frac{R\,(T_1 - T_2) \cdot ln \frac{v_1}{v_2}}{- RT_1 \cdot ln \frac{v_1}{v_2}}$$

$$\boxed{\frac{A}{Q_1} = \frac{T_2 - T_1}{T_1}}.$$

Da $T_2 < T_1$, haben A und Q_1 entgegengesetzte Vorzeichen, d. h. einer ins System gegebenen Wärme entspricht tatsächlich ein negatives, also nach außen geliefertes A.

Diese Formel gilt für alle reversiblen Kreisprozesse (wegen Satz I bis III), da sich jeder reversible aus kleinen Carnotprozessen aufbauen läßt. Wir erkennen weiter, daß nur die Wärmeaustauschtemperaturen den Arbeitsumsatz festlegen und daß es dabei wesentlich auf die Temperaturdifferenz ankommt.

Wir fassen nochmals zusammen: Die Ableitung der Formel benutzt wesentlich die Reversibilität aller Schritte sowie die ideale Gasgleichung (beides bei den Formeln für A_{12} und A_{34}). Sonst wird nur der I. Hauptsatz verwendet. Erst bei Verallgemeinerung des Ergebnisses auf reversible Kreisprozesse beliebiger Art (Schritte, Arbeitsstoff, Größe) wird vom II. Hauptsatz Gebrauch gemacht (Benutzung von Satz I—III).

48. Nutzeffekt

Technisch ist man an zwei Typen von Carnotschen Kreisprozessen interessiert:

1. *Wärmekraftmaschinen* (Dampfmaschine, Explosionsmotor) sollen aus Wärme Arbeit erzeugen,
2. *Kraftkältemaschinen* sollen einem Wärmebehälter Wärme entziehen und ihn damit abkühlen. Dies ist nur unter Arbeitsaufwand möglich.

Den Bruchteil einer gegebenen Wärmemenge, der von einer Wärmekraftmaschine in Arbeit übergeführt wird, nennt man den *Nutzeffekt* η dieser Maschine. Nach unserer Vorzeichendefinition ist also

$$\eta \equiv -\frac{A}{Q_1}.$$

Für die reversibel arbeitende Idealmaschine ist

$$\eta = \frac{T_1 - T_2}{T_1}.$$

Eine mit Wasserdampf arbeitende Maschine hat also einen um so höheren Nutzeffekt, je höher T_1 liegt, was man durch Konstruktion von Hochdruckkesseln bis zu 120 Atm. zu erreichen sucht. Bei $p = 100$ Atm. liegt der Siedepunkt des Wassers bei 309,5° C = 582,7° K, während man als untere Temperatur etwa 40° C = 313,2° K ansetzen kann. In diesem Fall wird η = 0,46, d. h. noch nicht die Hälfte der eingesetzten Kalorien erscheint als nutzbare Arbeit. Wegen mannigfacher Verluste kommt man praktisch auf etwa den halben Nutzeffekt ($\eta = 0{,}23$).

In einer Kraftkältemaschine läuft der beschriebene Kreisprozeß umgekehrt. Hier interessiert die bei der tiefen Temperatur T_2 vom System aufgenommene Wärme Q_2, die durch die aufgewandte Arbeit A vom zu kühlenden Objekt weggeführt wird. Die *Leistungsziffer* f ist also

$$f \equiv -\frac{Q_2}{A}.$$

49. II. Hauptsatz für reversible Kreisprozesse

Die Gleichung $\frac{A}{Q_1} = \frac{T_2 - T_1}{T_1}$

läßt sich unter Benutzung des I. Hauptsatzes

$A = -(Q_1 + Q_2)$ auch schreiben

$$-\frac{(Q_1 + Q_2)}{Q_1} = \frac{T_2 - T_1}{T_1}$$

oder durch Ausdividieren

$$\frac{Q_1}{T_1} + \frac{Q_2}{T_2} = 0 \text{ (für reversible Kreisproz.).}$$

Die Größen Q/T, die bei thermodynamischen Rechnungen häufig auftreten, bezeichnet man als *reduzierte Wärmen.* Da jeder reversible Kreisprozeß aus kleinen Carnotschen Kreisprozessen aufgebaut werden kann, die nur sehr kleine Wärmemengen δQ austauschen, gilt dieser Satz auch für beliebige reversible Kreisprozesse.

In Worten:

Bei reversiblen Kreisprozessen ist die Summe der reduzierten Wärmen gleich Null.

$$\boxed{\sum_{\text{O}rev} \frac{Q}{T} = 0}\,.$$

Diese Gleichung enthält auch die Möglichkeit zur exakten Definition der *thermodynamischen Temperaturskala.* Schreibt man nämlich die Gleichung um in $-(Q_1/Q_2) = T_1/T_2$, so erkennt man, daß durch Messung von Q_1 und Q_2 bei einem (vom benutzten Stoff wegen Satz I—III vollständig unabhängigen) reversiblen Carnotschen Kreisprozeß die Zahlenwerte für T_2 berechenbar werden, falls man nur *einen* Wert T_1 willkürlich festsetzt und außerdem die Größe eines Temperatur*grades* definiert hat. Nach Lord Kelvins Vorschlag hat man für die Differenz zwischen Eispunkt und Siedepunkt des Wassers (unter Atmosphärendruck) die Graddifferenz 100 gewählt. Dann ergibt sich nach den besten Messungen für den absoluten Nullpunkt (s. S. 11) der Wert —273,15° Celsius, und die so von allen Stoffeigenschaften freie Skala stimmt mit der früher erwähnten aus dem Gasgesetz praktisch überein.

50. Irreversible Kreisprozesse

In einem irreversiblen Carnotschen Kreisprozeß erhält man (falls er als Wärmekraftmaschine arbeitet) nach Satz I nicht das Maximum an Arbeit aus dem System. Bei gegebenem Q_1 als Wärmeeinsatz gibt daher das System als Q_2 eine größere Wärmemenge ab, d. h. Q_2 wird negativer als im reversiblen Fall.

Bei einer Kraftkältemaschine braucht man zum Entzug einer gegebenen Wärmemenge Q_2 aus der Umgebung einen höheren Arbeitseinsatz. Daher wird nach dem I. Hauptsatz Q_1 größer als im reversiblen Fall, d. h. Q_1/T_1 wird negativer.

In beiden denkbaren Fällen wird also

$$\sum_{\circ} \frac{Q}{T}_{irr} < \sum_{\circ} \frac{Q}{T}_{rev} \boxed{= 0} .$$

Daher gilt *für irreversible Kreisprozesse* allgemein

$$\boxed{\sum_{\circ} \frac{Q}{T}_{irr} < 0} .$$

Aus der Ableitung dieser Ungleichung folgt, daß die Summe der reduzierten Wärmen um so negativer ist, je irreversibler der Prozeß abläuft. Daher dient die *Summe der reduzierten Wärmen* als *Maß der Irreversibilität.*

51. Entropie als Zustandsfunktion

Für reversible Zustandsänderungen, die keine Kreisprozesse sind, kann man, ganz analog wie wir die Innere Energie U einführten, ebenfalls eine Zustandsfunktion definieren.

Zu diesem Zweck zeichnen wir wieder die Zustandsänderungen unseres Systems in der V,T-Ebene als geschlossenen Linienzug auf (Fig. 3, S. 44). Für die reduzierten Wärmen muß dann gelten

$$\sum_{\circ\,rev} \frac{Q}{T} = 0$$

analog der Ableitung der Inneren Energie

$$\sum_{\circ} (A + Q) = 0$$

(vgl. S. 44).

Greifen wir jetzt einen beliebigen Zustandspunkt *B* heraus, den das System während des (reversiblen) Kreisprozesses berührt, so kann man die obige Gleichung aufteilen in

$$(18)\quad \mathrm{I}\sum_{rev\,B}^{A} \frac{Q}{T} + \mathrm{II}\sum_{rev\,B}^{A} \frac{Q}{T} = 0 \qquad \Big| \qquad \mathrm{I}\sum_{A}^{B} (A + Q) + \mathrm{II}\sum_{B}^{A} (A + Q) = 0.$$

Denken wir nun den Teilweg II des Kreisprozesses in umgekehrter Richtung durchlaufen, so werden auch die Umsätze an reduzierter Wärme das umgekehrte Vorzeichen bekommen. Also wird gelten

$$\mathrm{II}\sum_{rev\,B}^{A} \frac{Q}{T} = -\,\mathrm{II}\sum_{rev\,A}^{B} \frac{Q}{T} \qquad \Big| \qquad \mathrm{II}\sum_{B}^{A} (A + Q) = -\,\mathrm{II}\sum_{A}^{B} (A + Q).$$

Durch Einsetzen in Gleichung (18) folgt dann

$$\mathrm{I}\sum_{rev\,A}^{B} \frac{Q}{T} = \mathrm{II}\sum_{rev\,A}^{B} \frac{Q}{T} \qquad \Big| \qquad \mathrm{I}\sum_{A}^{B} (A + Q) = \mathrm{II}\sum_{A}^{B} (A + Q),$$

d. h. die Summe der reduzierten Wärmen ist auf Weg I und Weg II (beide von *A* nach *B* durchlaufen) die gleiche. Da die beiden Wege I und II völlig willkürlich gewählt sind, gilt dasselbe für j e d e n Weg, der die Bedingung der Reversibilität erfüllt. Die $\sum_{rev} \frac{Q}{T}$ ist also nur von den E n d p u n k t e n *A* und *B* abhängig, nicht vom Wege. Man kann daher auch sagen: Die Zustandspunkte *A* und *B* unterscheiden sich um ein ganz bestimmtes $\sum_{rev} \frac{Q}{T}$. Ordnet man also einem einzigen Zustandspunkt einen willkürlich wählbaren Zahlenwert (z. B. Null) zu, so liegen die Werte von $\sum_{rev} \frac{Q}{T}$ beim Übergang zu einem anderen Zustandspunkt e i n d e u t i g fest. $\sum_{rev} \frac{Q}{T}$ ist also (bis auf eine willkürliche Konstante) eine Zustandsfunktion. Man bezeichnet diese Funktion zweckmäßig mit einem neuen Buchstaben S und nennt sie die *Entropie* des Systems. Die genaue Definition würde heißen

$$_{rev}\sum_A^B \frac{Q}{T} \equiv S_B - S_A \equiv \Delta S_{AB} \,.$$

Liegen die Zustandspunkte A und B unendlich benachbart, so ist sowohl die ausgetauschte Wärmemenge δQ als auch die Entropieänderung dS des Systems unendlich klein. dS ist ein vollständiges Differential, da S eine Zustandsfunktion ist. Es gilt also

$$\boxed{dS = \frac{\delta Q}{T}} \qquad \textit{(für reversible Vorgänge).}$$

Es sei ausdrücklich betont, daß $\delta Q/T$ nur für reversible Vorgänge mit dS übereinstimmt. *Eine Entropieänderung ist also nur auf reversiblen Wegen berechenbar.*

52. Entropie bei irreversiblen Vorgängen

Es gibt nun auch irreversible Vorgänge, die von einem Zustand A zu einem anderen Zustand B führen. Die Entropieänderung ΔS_{AB} zwischen A und B ist auch auf diesen irreversiblen Wegen die gleiche, da S Zustandsfunktion ist. Jedoch ist das ΔS nicht mehr identisch mit $\sum_{irr} \frac{Q}{T}$. Über die Größe $\sum_{irr\,A}^{B} \frac{Q}{T}$ kann man nur folgende qualitative Aussage machen:

$$_{irr}\sum_A^B \frac{Q}{T} < \Delta S_{AB} \,,$$

in Worten: *Im irreversiblen Prozeß ist die Summe der*

reduzierten Wärmen immer kleiner (negativer) als die Entropieänderung.

Zum Nachweis dieses Satzes wählen wir einen irreversiblen Übergang I vom Zustandspunkt A nach B (vgl. Fig. 3 S. 44) und ergänzen ihn durch einen von B nach A zurücklaufenden r e v e r s i b l e n Weg II zu einem nun irreversiblen Kreisprozeß. Dann gilt

$$\sum_{irr\,\circ} \frac{Q}{T} = \sum_{irr\,A}^{B} \frac{Q}{T} + \sum_{rev\,B}^{A} \frac{Q}{T}$$

Es ist nun nach Seite 70 $\quad {}_{irr}\sum_{\circ} \frac{Q}{T} < 0$

und nach Definition der Entropie $\quad {}_{rev}\sum_{B}^{A} \frac{Q}{T} = -\Delta S_{AB}$

Durch Einsetzen folgt $\quad {}_{irr}\sum_{A}^{B} \frac{Q}{T} - \Delta S_{AB} < 0$

oder

$$(19) \qquad \boxed{{}_{irr}\sum_{A}^{B} \frac{Q}{T} < \Delta S_{AB}}$$

Diese Ungleichung gewinnt besondere Bedeutung für Systeme, die *abgeschlossen* sind. Darunter versteht man Systeme, die k e i n e n Arbeits- und Wärmeaustausch mit der Umgebung haben. Grundsätzlich kann man jedes System durch Erweiterung der Systemgrenzen zu einem abgeschlossenen machen, indem man die Arbeitsquellen oder Wärmebehälter mit zum System rechnet. Die in einem derart abgeschlossenen System sich abspielenden Prozesse verlaufen ohne äußeres Zutun, also „freiwillig".

Da Q-Austausch ausgeschlossen sein soll, wird also $Q = 0$ und damit

$$\Delta S_{AB} > 0 \quad \textit{(für freiwillige Vorgänge).}$$

Es gilt auch die Umkehrung, daß ein *Vorgang nur dann*

freiwillig verläuft, *wenn* bei ihm eine *Entropiezunahme möglich* ist. Dies allgemeine Prinzip ist für Reaktionen wichtig, da der beim Zusammengeben von Stoffen eintretende Vorgang immer freiwillig abläuft. (Z. B. Reaktion von *K*-Metall mit Wasser.) Dies Prinzip der „Entropieerzeugung" bildet eine wichtige Grundlage der Thermodynamik irreversibler Prozesse, die wir hier aber nicht weiter verfolgen wollen.

53. Veranschaulichung der Entropie

Ähnlich wie man sich die Innere Energie als Summe der Speicherungsmöglichkeiten von allen möglichen Energieformen in einem System vorstellen kann, gibt es auch ein anschauliches Bild der Entropie. Wir gewinnen es durch nähere Analyse des soeben abgeleiteten Satzes, daß die Entropie bei freiwilligen Vorgängen immer zunimmt. Betrachten wir als Beispiel die Diffusion zweier Gase ineinander. Hierbei tritt nämlich kein Wärmeaustausch mit der Umgebung auf, so daß wir von dieser hier störenden Begleiterscheinung frei sind. Die Diffusion ist ein typisch irreversibler Vorgang und verläuft freiwillig. Die (von Planck stammende) Überlegung geht nun davon aus, daß offenbar die Natur für die *End*zustände freiwillig verlaufender Vorgänge eine gewisse „Vorliebe" hat. Das besagt aber, daß die Endzustände freiwilliger Prozesse „wahrscheinlicher" in der Natur anzutreffen sind. Für diese Wahrscheinlichkeit eines Zustandes gilt es, ein exaktes Maß zu finden.

In der Wahrscheinlichkeitsrechnung bezeichnet man als Wahrscheinlichkeit W den Quotienten

$$W = \frac{\text{günstige Fälle}}{\text{mögliche Fälle.}}$$

So ist die Wahrscheinlichkeit, eine Münze mit der Zahl nach oben auf den Tisch zu werfen, gleich ½, da von den zwei möglichen Fällen (Zahl oder Bild) einer der günstige ist. Die so definierten Wahrscheinlichkeiten sind also höchstens gleich Eins. — Betrachten wir nun zwei Gase

A und *B* mit den Molekülzahlen n_A bzw. n_B, die ineinander diffundiert seien. Die Wahrscheinlichkeit, e i n Molekül *A* in der linken Hälfte des Systemvolumens zu finden, ist gleich ½. Die Wahrscheinlichkeit, z w e i Moleküle *A* g l e i c h z e i t i g in der linken Hälfte anzutreffen, ist $1/2 \cdot 1/2 = (1/2)^2$; denn von den vier möglichen Fällen

r, r; r, l; l, r; l, l

ist nur einer günstig. Drei Moleküle *A* können in folgenden acht möglichen Verteilungen auf rechte und linke Hälfte vorkommen:

rrr	rll
rrl	lrl
rlr	llr
lrr	lll,

von denen nur die letzte alle drei gleichzeitig in der linken Hälfte zeigt. Also ist die Wahrscheinlichkeit $1/8 = (1/2)^3$. Sollen a l l e n_A-Moleküle von *A* g l e i c h z e i t i g links sein, so ist die Wahrscheinlichkeit hierfür $W = (1/2)^{n_A}$. Wählen wir $n_A = N_L/2 = 3{,}01 \cdot 10^{23}$, so ist dies *W* eine äußerst kleine Zahl. Dieser Zustand, der einer Trennung beider Gase gleichkäme, ist also sehr unwahrscheinlich.

In der „statistischen Thermodynamik" wählt man als Maß für die Wahrscheinlichkeit eines Zustandes direkt die Zahl der günstigen Fälle, d. i. die *Zahl der Realisierungsmöglichkeiten,* die für ein System unter gegebenen Voraussetzungen existieren. Wir vergleichen einmal den Zustand der getrennten Gase und der ineinander diffundierten Gase. Dabei sei die Teilchenzahl zunächst klein angenommen, z. B. = 8 für jedes Gas. Das Volumen des Systems teilen wir in 16 gleiche Zellen ein, so daß je Teilchen eine Zelle vorhanden ist. Die 8 Zellen des ursprünglichen Gasraumes *A* lassen sich dann auf soviel verschiedene Arten mit den *A*-Teilchen besetzen, wie es Vertauschungsmöglichkeiten der 8 Molekülnummern gibt. Das sind aber 8!. Für die andere Hälfte des Gasvolumens gibt es ebenfalls 8! Besetzungsmöglichkeiten mit *B*-Teilchen. Das wären die Realisierungsmöglichkeiten für die getrennten Gase, wobei jedes für sich als System betrachtet würde. Sollen beide Gase zusammen betrachtet werden (aber immer noch im getrennten Zustand), so gehören zu jeder Art der Besetzung des *A*-Teils alle 8! Besetzungen der anderen Hälfte. Insgesamt sind also 8! · 8! Besetzungsmöglichkeiten des Systems vorhanden. Man nennt diese auch die *Mikrozustände* des Systems, die zu dem „Makrozustand" „getrennte Gase" gehören.

Die gleiche Betrachtung für die vermischten Gase gibt 8 + 8 Teilchen, die man auf 16 Plätze verteilen kann. Das sind (8 + 8)! Möglichkeiten. Da 16! sehr viel größer ist als 8! · 8!, kann man schließen, daß der vermischte Zustand wesentlich wahrscheinlicher ist als der entmischte Zustand beider Gase. Es wird also, im abgeschlossenen System, freiwillig die Diffusion ablaufen. Wir wissen (S. 74), daß dabei eine Entropiezunahme erfolgt und sehen nun aus der Wahrscheinlichkeitsbetrachtung, daß auch eine Zunahme der Zahl der Realisierungsmöglichkeiten eintritt. Daraus folgt ein zunächst qualitativer Zusammenhang von Entropie und „thermodynamischer Wahrscheinlichkeit". Er wurde von Boltzmann quantitativ formuliert in der wichtigen Beziehung

$$\boxed{S = k \cdot ln P}$$

(P = Zahl der Realisierungsmöglichkeiten),

welche die Definition der *Boltzmann-Konstante k* enthält. k ist als „Gaskonstante pro Molekül" aufzufassen, da ihr Zahlenwert gleich R/N_L ist. Will man nur die Entropien zweier Zustände vergleichen, so genügt die Einigung auf ein Abzählverfahren der Realisierungsmöglichkeiten. Will man jedoch die *Absolut*entropie eines Systemzustandes haben, so müssen wirklich alle überhaupt nur möglichen Realisierungsmöglichkeiten erfaßt werden.

Als Beispiel berechnen wir die *Entropiezunahme bei der Diffusion zweier Gase A* und *B* der Molekülzahlen n_A bzw.

n_B. Die Entropie der getrennten Gase ist einfach die Summe der beiden Werte

$$S_A = k \cdot ln\,(n_A!) \text{ und } S_B = k \cdot ln\,(n_B!),$$

$$\text{nämlich } S_A + S_B = k \cdot ln\,(n_A! \cdot n_B!),$$

während sich für die vermischten Gase ergibt

$$S_m = k \cdot ln\,(n_A + n_B)!$$

Also ist der Entropiezuwachs bei der Diffusion

$$\Delta S = S_m - (S_A + S_B) = k \cdot ln\,\frac{(n_A + n_B)!}{n_A!\;n_B!}.$$

Der Einfachheit wegen setzen wir z. B.

$$n_A = n_B = \frac{N_L}{2}.$$

Dann kann man

$$\Delta S = k \cdot ln\,\frac{N_L!}{\left(\frac{N_L}{2}\right)! \cdot \left(\frac{N_L}{2}\right)!}$$

mittels der Stirlingschen Näherungsformel für $N!$ auswerten, die für sehr große N gilt und lautet

$$ln\,N! = N \cdot lnN - N.$$

Es folgt durch einfaches Einsetzen

$$\Delta S = k \cdot N_L \cdot ln\,N_L - 2 \cdot \frac{N_L}{2} \cdot ln\,\frac{N_L}{2}$$

$$= k \cdot N_L \cdot ln\,2$$

$$\Delta S = R \cdot ln\,2.$$

Den gleichen Wert ΔS erhält man auch bei rein thermodynamischer Überlegung. Zur ΔS-Berechnung ist die Kenntnis eines reversiblen Weges nötig. Die Diffusion zweier Gase kann man in der durch Fig. 8 links wiedergegebenen Anordnung reversibel durchführen, in welcher die Pfeile andeuten sollen, daß die betreffende durchstoßene Wand für *A* oder aber für *B* allein durchlässig sein soll. Beim Ineinanderschieben beider Volumenteile ist dann kein Druckunterschied zu überwinden, da die beiden mittleren Wände gerade in der richtigen Weise halbdurchlässig sind. Man kann also beide Teile ohne Arbeitsaufwand ineinanderschieben. Um nun zu dem System zu kommen, das aus *A* und *B* durch einfaches

Fig. 8

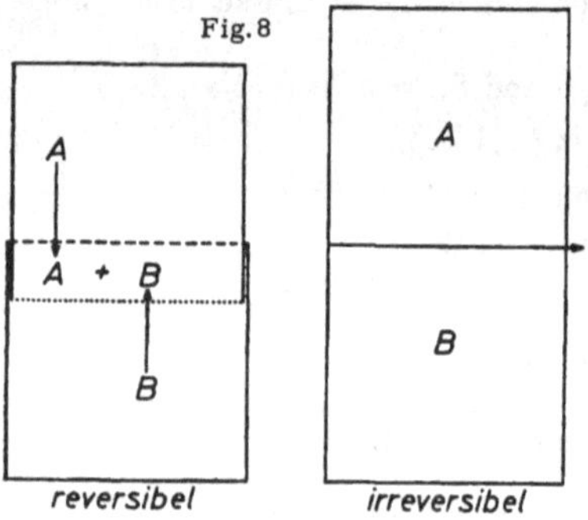

Wegziehen einer Trennwand (Fig. 8, rechte Hälfte) entstehen würde, müssen wir noch das Volumen in reversibler Weise auf den Wert $2 \cdot V_0$ erhöhen. Dies geschieht durch isotherme reversible Expansion des beim linken Versuch entstandenen Gasgemisches. Dabei gibt das System den Arbeitsbetrag

$$A = -\int_{V_0}^{2V_0} p \cdot dV$$

ab, der in gleichem Absolutbetrag als Wärme wieder zugeführt werden muß, damit die Temperatur des Systems konstant bleibt. Diese Wärmemenge

$$Q = +\int_{V_0}^{2V_0} p \cdot dV$$

ist dann der Betrag, der dividiert durch T die ausgetauschte „reduzierte Wärme" und damit die Entropieänderung des Systems angibt (s. S. 72). p läßt sich aus der Gasgleichung durch RT/v ersetzen, da das System aus genau einem Mol Gas besteht, und es ergibt sich

$$Q = RT \cdot ln \frac{2V_0}{V_0} = RT \cdot ln\ 2,$$

demzufolge also

$$\Delta S = \frac{Q}{T} = R \cdot ln\ 2,$$

wie auch durch statistische Betrachtung gefunden wurde.

54. Aufteilung der Wärme und Arbeit

Als mathematische Formulierung der beiden Hauptsätze können wir im folgenden die Gleichungen benutzen

$$dU = \delta A + \delta Q$$

$$dS = \delta Q/T \qquad \text{(nur für reversible Vorgänge).}$$

Alle aus ihnen abgeleiteten Folgerungen gelten nur für reversible Vorgänge, da die zweite Beziehung auf solche beschränkt ist.

Als erstes drücken wir die unvollständigen Differentiale δA und δQ durch die vollständigen Differentiale dS und dU aus:

$$\delta Q = T \cdot dS$$

$$\delta A = dU - T \cdot dS.$$

Auf diese Weise erreichen wir, daß wir die δQ und δA aus den partiellen Differentialquotienten der Zustandsgrößen ermitteln können. Wählen wir etwa das Variablensystem V, λ, T, so läßt sich aus der Gleichung

$$\delta Q = T \cdot dS = T \cdot \frac{\partial S}{\partial V} dV + T \cdot \frac{\partial S}{\partial \lambda} d\lambda + T \cdot \frac{\partial S}{\partial T} dT$$

ablesen, daß ein Wärmeumsatz, der nur auf V-Änderung zurückgeht, geschrieben werden kann (wegen $d\lambda = dT = 0$)

$$\frac{(\delta Q)_{\lambda,T}}{dV} = T \cdot \frac{\partial S}{\partial V} \qquad \textit{lat. Volumenwärme [bei Volumenänderung 1].}$$

Analog gilt

$$\frac{(\delta Q)_{V,T}}{d\lambda} = T \cdot \frac{\partial S}{\partial \lambda} \qquad \textit{reversible Reaktionswärme [beim Formelumsatz 1]}$$

$$\frac{(\delta Q)_{V,\lambda}}{dT} = T \cdot \frac{\partial S}{\partial T} \qquad \textit{Wärmekapazität} = C_v \ \textit{[bei T-Änderung 1°].}$$

Ähnliches gilt für die Arbeitsbeträge; bei alleiniger V-Änderung:

$$\frac{(\delta A)_{\lambda,T}}{dV} = \frac{\partial U}{\partial V} - T \frac{\partial S}{\partial V} \qquad \textit{Volumenarbeit [bei V-Änderung 1],}$$

bei alleiniger λ-Änderung:

$$\frac{(\delta A)_{V,T}}{d\lambda} = \frac{\partial U}{\partial \lambda} - T \frac{\partial S}{\partial \lambda} \qquad \textit{reversible Reaktionsarbeit [beim Formelumsatz 1].}$$

Arbeit bei alleiniger T-Änderung gibt es nicht.

Zur Erleichterung der Schreibweise führen wir für alle auf λ bezogenen Differentialquotienten kürzere Bezeichnungen ein

$$\frac{\partial U}{\partial \lambda} \equiv \mathfrak{U}; \quad \frac{\partial S}{\partial \lambda} \equiv \mathfrak{S}_V; \quad \frac{(\delta A)_{V,T}}{d\lambda} \equiv \mathfrak{A}; \quad \frac{(\delta Q)_{V,T}}{d\lambda} \equiv \mathfrak{L}_V.$$

Es sind dies gerade die Größen, die den Chemiker interessieren. Damit kann man nun zusammensetzen

$$\delta Q = T \cdot \frac{\partial S}{\partial V} \cdot dV \quad + \quad \mathfrak{L}_v \cdot d\lambda \quad + \quad C_v \cdot dT$$

(Vol.-Wärme) *(Rk-Wärme)* *(Temp.-Wärme)*

$$\delta A = -p.\, dV + \mathfrak{A} \cdot d\lambda$$

(Vol. Arbeit) *(chem. Arbeit)*.

Zwischen den Reaktionsgrößen besteht nach der Definition folgende wichtige Beziehung:

$$\boxed{\mathfrak{U} = \mathfrak{A} + \mathfrak{L}_v}\,.$$

55. Freie Energie. F-Stammbaum

Die Beziehungen zwischen den einzelnen Reaktionseffekten und den übrigen thermodynamischen Größen lassen sich sehr einfach ausrechnen, wenn es gelingt, eine Funktion zu finden, die möglichst viele dieser Größen in einfacher Form in ihren Differentialquotienten nach den Variablen V, λ, T enthält.

Eine solche Funktion ist beinahe schon U, wie man erkennt, wenn man

$$\delta A = -p \cdot dV + \mathfrak{A} \cdot d\lambda \quad \text{und} \quad \delta Q = T \cdot dS$$

in die Gleichung

$$dU = \delta A + \delta Q$$

einsetzt:

$$dU = -p \cdot dV + \mathfrak{A} \cdot d\lambda + T \cdot dS.$$

dV und $d\lambda$ sind schon vertreten. Man müßte nur noch dT anstelle von dS haben, dann wären die Faktoren der dV, $d\lambda$, dT die partiellen Differentialquotienten von U. Die Einführung von dT gelingt, wenn man auf beiden Seiten der Gleichung $d\,(T \cdot S) = T \cdot dS - S \cdot dT$ abzieht.

Dann folgt:

$$dU - d(T \cdot S) = -p \cdot dV + \mathfrak{A} \cdot d\lambda - S \cdot dT$$

$$d(U - TS) = -p \cdot dV + \mathfrak{A} \cdot d\lambda - S \cdot dT.$$

Die Funktion links hat den Namen *Freie Energie F*. Sie ist definiert als

$$\boxed{F = U - T \cdot S},$$

und ihr vollständiges Differential lautet:

$$\boxed{dF = -p \cdot dV + \mathfrak{A} \cdot d\lambda - S \cdot dT}.$$

Wegen $dF = \frac{\partial F}{\partial V} \cdot dV + \frac{\partial F}{\partial \lambda} \cdot d\lambda + \frac{\partial F}{\partial T} \cdot dT$

gilt also $\frac{\partial F}{\partial V} = -p; \quad \frac{\partial F}{\partial \lambda} = \mathfrak{A}; \quad \frac{\partial F}{\partial T} = -S.$

Beziehungen zwischen diesen Größen sind nun sehr einfach angebbar. Nach einem mathematischen Satz von Schwarz ist nämlich bei der Bildung der 2. Differentialquotienten die *Reihenfolge der Differentiation vertauschbar,* d. h. *bei einer Funktion* Z = *f (x, y)* gilt

$$\frac{\partial^2 Z}{\partial x\, \partial y} = \frac{\partial^2 Z}{\partial y\, \partial x}.$$

Für unsere Funktion *F (V, λ, T)* bedeutet das, daß z. B.

$$\frac{\partial^2 F}{\partial V \cdot \partial \lambda} = \frac{\partial^2 F}{\partial \lambda \cdot \partial V}; \quad \frac{\partial^2 F}{\partial \lambda \cdot \partial T} = \frac{\partial^2 F}{\partial T \cdot \partial \lambda}; \quad \text{usw.,}$$

wofür wir abkürzend schreiben wollen

$$(V, \lambda) = (\lambda, V); \ (\lambda, T) = (T, \lambda); \ \ldots \text{ usw.}$$

Für die 3. Differentialquotienten gilt analog z. B.

$$(V, V, T) = (V, T, V) = (T, V, V),$$

wodurch weitere Beziehungen gewonnen werden.

Um keine dieser Möglichkeiten auszulassen, kann man sich (nach Schottky) einen „Stammbaum" der Differentialquotienten, kurz den „F-Stammbaum" aufstellen, der in Tab. 4 wiedergegeben ist. Man braucht dann nur das vollständige Differential und das Variablensystem zu lernen, um a l l e Zusammenhänge sofort ableiten zu können.

Die drei wichtigen Zusammenhänge sind die folgenden:

1) $$\frac{\partial \mathfrak{A}}{\partial V} = -\frac{\partial p}{\partial \lambda}$$ *Le Chateliersches Prinzip*

2) $$\frac{\partial \mathfrak{A}}{\partial T} = -\frac{\partial S}{\partial \lambda} = -\mathfrak{S}_V = -T \cdot \mathfrak{L}_V$$ *Gibbs-Helmholtzsche Gleich.*

3) $$\frac{\partial S}{\partial V} = \frac{\partial p}{\partial T}$$

Die erste Gleichung ist Ausdruck des Le Chatelierschen Prinzips, daß nämlich die Reaktion in ihrem Ablauf dem äußeren Zwang auszuweichen strebt. Links steht die Änderung der Reaktionsarbeit bei Volumenänderung, rechts die Änderung des Druckes bei Fortschreiten der Reaktion.

Die zweite Gleichung gibt Auskunft über den Temperaturkoeffizienten der Reaktionsarbeit und kann also für Umrechungen von $\mathfrak{A}$ auf andere Temperaturen verwendet werden. Sie wird meist als Gibbs-Helmholtzsche Gleichung bezeichnet.

Die 3. Gleichung enthält keine Reaktionsgrößen (kenntlich an deutschen Buchstaben), ist also chemisch weniger wichtig. Sie vermittelt jedoch einen Zusammenhang energetischer Größen (S) mit denen, die in der Zustandsgleichung $(p = f(V, T))$ stehen.

$T \cdot \frac{\partial S}{\partial V}$ ist nämlich lt. Definition die latente Volumenwärme, die sich aus Messungen der Zustandsgleichung des Systems ohne weiteres ergibt zu $T \cdot \left(\frac{\partial p}{\partial T}\right)_V$. Für ein ideales Gas folgt so wegen $p \cdot V = RT$ oder $p = \frac{R}{V} \cdot T$ der Wert von $\frac{\partial p}{\partial T} = \frac{R}{V}$, also die latente Volumenwärme $T \cdot \frac{\partial S}{\partial V} = \frac{RT}{V}$, was identisch ist mit $T \cdot \frac{\partial S}{\partial V} = p$ für ideale Gase.

Tabelle 4: F-Stammbaum

$$dF = -p\,dV + \mathfrak{A}\,d\lambda - S\,dT$$

I. Gen.		(V) $-p$			(λ) $+\mathfrak{A}$			(T) $-S$	
II. Gen.	(V,V) $-\frac{\partial p}{\partial V}$	(V,λ) $-\frac{\partial p}{\partial \lambda}$	(V,T) $-\frac{\partial p}{\partial T}$	(λ,V) $\frac{\partial \mathfrak{A}}{\partial V}$	(λ,λ) $\frac{\partial \mathfrak{A}}{\partial \lambda}$	(λ,T) $\frac{\partial \mathfrak{A}}{\partial T}$	(T,V) $-\frac{\partial S}{\partial V}$	(T,λ) $-\frac{\partial S}{\partial \lambda}$ $=-\mathfrak{S}_v$	(T,T) $-\frac{\partial S}{\partial T}$ $=-\frac{C_v}{T}$

Tabelle 5: G-Stammbaum

$$dG = V\,dp + \mathfrak{A}\,d\lambda - S\,dT$$

I. Gen.		(p) V			(λ) $\mathfrak{A}$			(T) $-S$	
II. Gen.	(p,p) $\frac{\partial V}{\partial p}$	(p,λ) $\frac{\partial V}{\partial \lambda}$ $=\mathfrak{B}$	(p,T) $\frac{\partial p}{\partial T}$	(λ,p) $\frac{\partial \mathfrak{A}}{\partial p}$	(λ,λ) $\frac{\partial \mathfrak{A}}{\partial \lambda}$	(λ,T) $\frac{\partial \mathfrak{A}}{\partial T}$	(T,p) $-\frac{\partial S}{\partial p}$	(T,λ) $-\frac{\partial S}{\partial \lambda}$ $=-\mathfrak{S}$	(T,T) $-\frac{\partial S}{\partial T}$ $=-\frac{C_p}{T}$

56. Thermodynamisches Potential. G-Stammbaum

Für Vorgänge, die wir mit den Variablen p, λ, T beschreiben wollen, wäre eine Funktion zweckmäßig, die ähnlich wie die freie Energie F in einfacher Weise von diesen Variablen abhängt. Ausgehend vom Differential der Freien Energie

$$dF = -p \cdot dV + \mathfrak{A} d\lambda - S \cdot dT$$

wird dies erreicht, indem wir beiderseits das Differential $d\,(p \cdot V) = p \cdot dV + V \cdot dp$ addieren. Dann folgt

$$dF + d(p \cdot V) = -pdV + pdV + V \cdot dp + \mathfrak{A} \cdot \delta\lambda - S \cdot dT$$
$$d(U + p \cdot V - T \cdot S) = +V \cdot dp + \mathfrak{A} \cdot d\lambda - SdT.$$

Die so festgelegte Funktion

$$\boxed{G \equiv U + p \cdot V - T \cdot S}$$

heißt die „freie Enthalpie" oder „thermodynamisches Potential". Entsprechend dem F-Stammbaum existiert dann auch ein G-Stammbaum, der sich von den I. Differentialquotienten

$$\frac{\partial G}{\partial p} = V; \qquad \frac{\partial G}{\partial \lambda} = \mathfrak{A}; \qquad \frac{\partial G}{\partial T} = -S$$

ableitet und in Tab. 5 bis zur 2. Generation angegeben ist. Für $\frac{\partial V}{\partial \lambda}$ führen wir analog S. 80 den deutschen Buchstaben $\mathfrak{V}$ ein, der also die Änderung des Systemvolumens bei einem Formelumsatz darstellt. Die Formeln aus der II. Generation sind

1) $$\frac{\partial \mathfrak{A}}{\partial p} = \frac{\partial V}{\partial \lambda} = \mathfrak{V}$$ *Le Chatelier*

2) $$\frac{\partial \mathfrak{A}}{\partial T} = -\mathfrak{S}$$ *Gibbs-Helmholtz*

3) $$-\frac{\partial S}{\partial T} = \frac{\partial V}{\partial T}.$$

Die beiden ersten Gleichungen geben wieder die Abhängigkeit der Reaktions-Arbeit von p und T, die dritte liefert einen Zusammenhang der kalorischen Größe S mit Größen der Zustandsgleichung. (Erläuterung des Le Chatelierschen Prinzips vgl. S. 106/107.)

57. Die Enthalpie H

Im Laboratorium hat man bei Untersuchung der Energieeffekte an chemischen Reaktionen meist keine reversiblen Vorgänge, sondern freiwillig (d. h. ohne äußeres Zutun) ablaufende Reaktionen, wie etwa beim Bestimmen einer Verbrennungswärme im Kalorimeter. Dort wird durch Zündung die Verbrennung einer organischen Substanz (wie Benzoesäure) in einem O_2-Überschuß ausgelöst, die dann bis zu Ende abläuft, ohne daß man sie mittendrin aufhalten oder gar umkehren könnte. Es handelt sich also um irreversibel verlaufende Reaktionen. Im Spezialfall der *kalorimetrischen Bombe* spielen sie sich *bei konstantem Volumen* ab. Dann ist ein Austausch von Volumenarbeit ausgeschlossen, und es wird auch keine chemische Arbeit ausgetauscht. Also gilt $\delta A = 0$. Nach dem I. Hauptsatz folgt dann $dU = \delta Q_{\text{irr}} + 0$, d. h. die Änderung von U stellt die gesamte irreversible Reaktionswärme dar. Beziehen wir auf einen Formelumsatz

$$\frac{dU}{d\lambda} = \frac{\delta Q_{irr.}}{d\lambda} \quad (\textit{bei } V = \textit{konst. u. } T = \textit{konst.}),$$

so ist also die *Reaktionsenergie* $\mathfrak{U}$ ($\equiv dU/d\lambda$) *gleich der irreversiblen Reaktionswärme bei konstantem Volumen.*

In ähnlicher Weise kann man auch Vorgänge *bei konstantem Druck* behandeln. Hierbei sei *vorausgesetzt, daß die Volumarbeit* $-p \cdot dV$ *in reversibler Weise umgesetzt wird.* Dann würde nach dem I. Hauptsatz wieder

$$dU = \delta Q_{irr.} - p\,dV \quad (\textit{bei } p = \textit{konst.}, \; T = \textit{konst.})$$

sein müssen, da chemische Arbeit wegen der Irreversibilität

des Reaktionsablaufes nicht umgesetzt wird. Diese Gleichung läßt sich wegen $p =$ *konst.* umschreiben in

$$dU + \underbrace{pdV\ (+V \cdot dp)}_{= d\,(p \cdot V)} = (\delta Q_{irr})_p.$$

Das links eingeklammerte Glied ist wegen $dp \equiv 0$ nur der Form halber geschrieben, weil dadurch erkennbar wird, daß das Differential $d\,(U + p \cdot V)$ gleich der irreversiblen Reaktionswärme bei konst. Druck ist. Diese Funktion

$$\boxed{H \equiv U + p \cdot V}$$

heißt „Enthalpie" oder Wärmefunktion. Beziehen wir die obige Gleichung auf einen Formelumsatz, so folgt

$$\mathfrak{H} \equiv \frac{\partial H}{\partial \lambda} = \frac{d\,(U + pV)}{d\lambda} \equiv \left(\frac{\delta Q_{irr}}{d\lambda}\right)_{p,\,T}.$$

$\mathfrak{H}$ ist also die irreversible Reaktionswärme bei konstantem Druck. Sie findet sich meist in Tabellenwerken angegeben als „Reaktionsenthalpie". Für Vorgänge bei $p =$ *konst. und* $T =$ *konst.* ist das vollständige Differential

$$dH = \delta Q_{irr}\,.$$

Im übrigen ist H, weil es aus lauter Zustandsfunktionen zusammengesetzt ist, selbst Zustandsfunktion. Also gilt

$$dH = \frac{\partial H}{\partial p} \cdot dp + \frac{\partial H}{\partial \lambda} \cdot d\lambda + \frac{\partial H}{\partial T} \cdot dT.$$

Für $dp = dT = 0$ folgt dann

$$\delta Q_{irr} = \frac{\partial H}{\partial \lambda} \cdot d\lambda = \mathfrak{H} \cdot d\lambda.$$

Auch bei reversiblen Vorgängen erweist sich die Einführung von H als zweckmäßig. Wählen wir einen Vorgang mit $dp = d\lambda = 0$, also ein System bei konstantem Druck, in welchem keine Reaktion abläuft, so ist nur Temperatur-Änderung zugelassen. Das Volumen kann sich natürlich auch ändern, wofür wieder Reversibilität vorausgesetzt sei. Dann gilt zunächst der I. Hauptsatz

$$dU = \delta Q_{rev.} + \delta A^{rev.}$$

δA ist lt. Voraussetzung reversibel und auch δQ. Also kann man schreiben $\left(\delta Q_{rev.}\right)_{p,\lambda} = dU + p \cdot dV$.

Wegen $p = konst.$ ist $d\,(p \cdot V) = p \cdot dV$,

also $\left(\delta Q_{rev.}\right)_{p,\lambda} = d\,(U + pV) = dH$.

dH reduziert sich aber für $dp = d\lambda = 0$ auf $dH = \frac{\partial H}{\partial T} \cdot dT$,

also $\frac{\delta Q_{rev.}}{dT} = \left(\frac{\partial H}{\partial T}\right)_{\lambda,p}$.

Die linke Seite ist aber der Wärmeaustausch des Systems pro Grad Temperaturänderung, d. i. die Wärmekapazität C_p des Systems. Daher gilt $C_p = \left(\frac{\partial H}{\partial T}\right)_{p,\lambda}$.

58. Thermodynamische Formeln mit $\mathfrak{H}$

H läßt sich schon in die Definitionsgleichung für G einführen $G \equiv U + pV - TS \equiv H - TS$.

Durch Differentiation nach λ folgt die wichtige Formel

$$\frac{\partial G}{\partial \lambda} = \frac{\partial H}{\partial \lambda} - T \cdot \frac{\partial S}{\partial \lambda}$$

oder mit den deutschen Buchstaben

(20) $$\mathfrak{A} = \mathfrak{H} - T \cdot \mathfrak{S}.$$

Nun ist $T \cdot \mathfrak{S}$ aber gleich der reversiblen Reaktionswärme $\mathfrak{L}$ $\left(= \frac{\delta Q_{rev.}}{d\lambda}\right)$, also gilt $\boxed{\mathfrak{H} = \mathfrak{A} + \mathfrak{L}}$.

Die irreversible Reaktionswärme ist gleich der Summe aus reversibler Reaktionsarbeit und reversibler Reaktionswärme.

Ferner lautete die Gibbs-Helmholtzsche Gleichung (aus dem G- Stammbaum)

$$\frac{\partial \mathfrak{A}}{\partial T} = -\mathfrak{S}.$$

Wegen $\mathfrak{A} = \mathfrak{H} - T \cdot \mathfrak{S}$ folgt durch Einsetzen von $\mathfrak{S}$

$$\frac{\partial \mathfrak{A}}{\partial T} = \frac{\mathfrak{A} - \mathfrak{H}}{T}$$

oder $$T \cdot \frac{\partial \mathfrak{A}}{\partial T} - \mathfrak{A} = - \mathfrak{H}.$$

Die linke Seite ist aber nach den Regeln der Differentialrechnung gleich $$T^2 \cdot \frac{\partial}{\partial T} \left(\frac{\mathfrak{A}}{T}\right).$$

Daher kann man die Gibbs-Helmholtzsche Gleichung auch schreiben

$$\boxed{\frac{\partial}{\partial T}\left(\frac{\mathfrak{A}}{T}\right) = - \frac{\mathfrak{H}}{T^2}}\,.$$

V. Homogene Mehrstoffsysteme

59. Zustand von homogenen Mehrstoffsystemen (Lösungen)

Mit den in den vorangehenden Abschnitten gewonnenen Begriffen soll nun im folgenden versucht werden, den Zustand und die Gesetzmäßigkeiten bei Systemen zu beschreiben, die aus mehreren Stoffen zusammengesetzt sind. Wir beschränken uns dabei zunächst auf Systeme, die jeweils nur eine Phase enthalten. Sie werden auch zusammenfassend als L ö s u n g e n oder Mischungen bezeichnet. Da wir drei Aggregatzustände unterschieden haben, sind auch hier drei Grundtypen solcher Lösungen zu finden: gasförmige, flüssige und feste Lösungen.

Die Ursachen für die Bildung solcher „Mischphasen" sind in den Kräften zu suchen, welche zwischen den Molekeln der reinen Komponenten *A* und *B* untereinander wie auch gegenseitig vorhanden sind. Es gibt hierbei zwei Möglichkeiten: entweder sind zwischen den Teilchen der reinen Stoffe keinerlei Kräfte wirksam, wie dies bei den idealen Gasen der Fall ist. Dann sind die beiden Stoffe *A* und *B* immer in allen Verhältnissen miteinander mischbar. Werden im Gegensatz hierzu die Teilchen der reinen Stoffe (wie bei Flüssigkeiten und festen Stoffen) durch Kräfte *A*—*A* bzw. *B*—*B* zusammengehalten, so müssen bei der Herstellung einer Mischung aus solchen Stoffen die Kräfte zwischen den Molekeln von *A* und denen von *B* überwunden werden, was nur dann möglich, ist, wenn die gegenseitigen Kräfte zwischen *A* und *B* größer sind als diejenigen der *A*-Molekeln untereinander oder der *B*-Molekeln. Da das naturgemäß nicht immer der Fall zu sein braucht, kennt man bei Lösungen, welche flüssige oder feste Komponenten enthalten, die Erscheinung der „unvollständigen Mischbarkeit" von Flüssigkeiten bzw. die „Löslichkeitsgrenze" von Gasen und festen Stoffen in Flüssigkeiten.

Um den Zustand einer Lösung zu kennzeichnen, muß man außer p und T die mengenmäßigen Anteile der einzelnen Komponenten angeben. Hierfür gibt es eine ganze Reihe von Möglichkeiten.

Beschränken wir uns zunächst auf Mischungen nur zweier Stoffe („binäre" Lösungen), von denen der eine als „Gelöstes" und der andere als „Lösungsmittel" bezeichnet sei, so kann man folgende Angaben über die Konzentration wählen: Gewichtsprozente = Gramm Gelöstes in 100 g Lösung (oder auch Lösungsmittel), Volumprozente = Kubikzentimeter Gelöstes in 100 ccm Lösung (oder in 100 ccm Lösungsmittel). Als *Molarität* wird die Zahl der Formelgewichte auf 1000 ccm Lösung bezeichnet; bisweilen finden sich auch Angaben in Formelgewichten auf 1000 g Lösungsmittel. Bei all diesen Angaben sind diejenigen Maße, welche eine Volumgröße enthalten, temperaturabhängig, da die Dichte der Lösung sich mit der Temperatur ändert. Zu bevorzugen sind daher die Konzentrationsmaße, welche nur Angaben in Gramm oder Molen enthalten. Überdies ist bei den genannten Maßen immer ein Stoff (z. B. das Lösungsmittel) vor dem anderen ausgezeichnet. Völlig gleichberechtigt erscheinen beide Stoffe, falls man die Konzentration in Form des *Molenbruches* x angibt, der als Molzahl n_1 des einen Stoffes in der Gesamtmolzahl $n_1 + n_2$ einer Lösung definiert ist

$$x_1 = \frac{n_1}{n_1 + n_2}; \quad x_2 = \frac{n_2}{n_1 + n_2}; \quad \text{also } x_1 + x_2 = 1.$$

Je nach Wahl des Konzentrationsmaßes haben die für Lösungen geltenden Gesetze eine andere Form.

60. Gasmischungen

Mischungen von Gasen mit ihresgleichen stellen den einfachsten Typ der Lösungen dar. Sie sind wegen des Fehlens von Kräften zwischen den Molekeln immer in allen Verhältnissen miteinander mischbar; daher kann in einem gegebenen System immer nur eine einzige Gasphase auftreten. Die Zustandsgleichung einer Mischung von Gasen ist dieselbe wie die jedes reinen Gases: $pV = n \cdot RT$, wobei n jetzt die gesamte vorhandene Molzahl bedeutet, die sich additiv aus den Molzahlen der einzelnen Stoffe zusammensetzt: $n = n_1 + n_2 + n_3 + \ldots$.

Liegen in einer durch Wände unterteilten Kammer eine Anzahl Gase bei gleichen Druck p und den jeweiligen Volumina $V_1, V_2, V_3, \ldots$ vor, so bleibt bei Wegnahme der Wände der Druck der gleiche, d. h. es tritt beim Vermischen keine Volumenänderung auf; die Teilvolumina $V_1, V_2, V_3, \ldots$ addieren sich zum Gesamtvolumen der Mischung: $V = V_1 + V_2 + V_3 + \ldots$. Das ist zufolge der für alle Gase gleichen Zustandsgleichung selbstverständlich.

Jedes einzelne Gas hat sich bei der Vermischung auf das Gesamtvolumen V verteilt; daher muß sein eigener Druck (d. h. der Druck, den es ausüben würde, wenn es im Volumen v allein vorhanden wäre) kleiner geworden sein. Aus dem auch für Gasmischungen gültigen Boyle-Mariotteschen Gesetz folgt, daß der *Partialdruck* eines Gases die Beziehung $p_1 \cdot V = p \cdot V_1$ befolgen muß, wobei p_1 den Partialdruck, V_1 das Volumen des Gases unter dem Druck p vor der Vermischung und V das Gesamtvolumen der Mischung bedeutet. Das gilt für jedes Gas, also

$$p_1 \cdot V = p \cdot V_1; \; p_2 \cdot V = p \cdot V_2; \; p_3 \cdot V = p \cdot V_3; \; \ldots$$

Addiert man die rechten und linken Seiten dieser Gleichungen, so folgt

$$(p_1 + p_2 + p_3 + \cdots) \cdot V = p \cdot (V_1 + V_2 + V_3 + \cdots) = p \cdot V,$$

also

(21) $$p = p_1 + p_2 + p_3 + \cdots.$$

Die Summe der Partialdrucke der Gase in einer Gasmischung ist also gleich dem Gesamtdruck (Dalton, 1802).

Man kann diese Partialdrucke experimentell messen, wenn man eine Wand besitzt, die nur für ein Gas der Mischung durchlässig ist. Glühendes Platin ist z. B. für Wasserstoff, aber nicht für andere Gase durchlässig. Trennt man daher eine Wasserstoff enthaltende Mischung durch eine glühende Platinwand von einem Raum, in welchem kein Wasserstoff (z. B. Vakuum) vorhanden ist, so wird der Wasserstoff so lange durch die Wand treten, bis auf beiden Seiten der Wand gleiche Konzentration an Wasserstoff herrscht, also der gleiche Partialdruck vorliegt, ähnlich wie Luft in ein Vakuum strömt. Ein Manometer zeigt dann den Partialdruck des Wasserstoffs an.

61. Gase in Flüssigkeiten

Mit Flüssigkeiten sind Gase nicht mehr in allen Verhältnissen mischbar, sondern sie lösen sich in der Flüssigkeit nur bis zu einem bestimmten Betrag auf, der ihre *Löslichkeit* angibt.

Die Löslichkeit von Gasen wird in verschiedener Weise ausgedrückt; entweder gibt man die höchste Konzentration der Lösung in einem der obengenannten Konzentrationsmaße an oder aber den Bunsenschen „Absorptionskoeffizienten“, der durch das auf 0° C reduzierte Gasvolumen definiert ist, das sich in der Volumeneinheit der Flüssigkeit bei einem Druck von 1 Atm. löst.

Die Löslichkeit von Gasen in Flüssigkeiten ist stark vom Partialdruck des Gases in der Gasphase und von der Temperatur abhängig, was kinetisch verständlich ist, da die Kräfte, welche zwischen Gas- und Flüssigkeitsteilchen wirken, um so weniger zur Geltung kommen, je höher die kinetische Energie der Stöße (Temperatur) ist. Henry hat (1803) gefunden, daß *bei konstanter Temperatur die Konzentration c des Gases in der Flüssigkeit proportional ist dem Druck* p_{gas} *des Gases in der Gasphase*

(22) $c = K \cdot p_{gas}$ *(Henrysches Gesetz)*,

und zwar gilt diese Beziehung um so besser, je verdünnter die Lösung des Gases in der Flüssigkeit ist.

Ganz exakt gilt das Henrysche Gesetz nur für unendlich verdünnte Lösungen, sogenannte „ideale" Lösungen. Auch das ist kinetisch zu verstehen: In einer Lösung sind immer beide Partner gegenüber den reinen Komponenten der Lösung verändert, da nicht mehr jede Molekel von ihresgleichen umgeben ist. Die Eigenschaften beider Stoffe müssen also verändert sein. In einer *verdünnten* Lösung sind so wenig gelöste Teilchen vorhanden, daß sie zwar die Lösungsmittel-Teilchen ihrer Nachbarschaft, nicht aber sich selbst gegenseitig beeinflussen. In einer *idealen* Lösung sollen weder die Molekeln des einen noch die des anderen Partners verändert sein. Steigt nun in einer verdünnten Lösung die Konzentration an, so lösen sich die später in die Flüssigkeit eintretenden Gasmolekeln nicht mehr in dem ursprünglichen reinen Lösungsmittel, sondern in der schon vorhandenen Lösung aus Gas und diesem Lösungsmittel. Daher muß der Wert der Konstanten K des Henryschen Gesetzes, der von den Eigenschaften des Lösungsmittels abhängig ist, verschieden sein von dem bei Beginn der Auflösung gültigen Wert dieser Konstanten. Für jede Konzentration ist also ein anderer Wert K zu benutzen, und es besteht um so weniger Proportionalität zwischen Konzentration der Lösung und Druck des Gases in der Gasphase, je höher die Konzentration der Lösung wird.

62. Flüssigkeiten in Flüssigkeiten

Solche Lösungen stellen einen praktisch sehr wichtigen Fall von Mischungen dar, da sehr viele chemische Reaktionen in flüssigen Mischungen durchgeführt werden. Eine Flüssigkeit A kann sich mit einer zweiten B nur mischen, wenn die zwischen den Molekeln von A und denen von B wirkenden Kräfte größer sind als die zwischen A-Molekeln unter sich und B-Molekeln unter sich. Andernfalls ist der

Zusammenhalt z. B. der *A*-Molekeln so fest, daß keine *B*-Molekel in *A* eindringen kann.

Als Beispiel für unvollständige Mischbarkeit sei das System Phenol-Wasser genannt, dessen Löslichkeitsdaten aus Fig. 9 zu entnehmen sind. Man sieht, daß die Löslichkeit stark von der Temperatur abhängt. Bei 20° lösen sich etwa 8% Phenol in Wasser und 28% Wasser in Phenol; d. h. wenn man Wasser und Phenol bei 20° zusammengibt, bilden sich zwei Schichten, wobei die phenolreiche Schicht 28% Wasser enthält, während die wasserreiche Schicht 8% Phenol enthält. Wird nun die Temperatur erhöht, so gleichen sich die Konzentrationen beider Schichten immer mehr an, und bei 66° ist die Konzentration beider Schichten gleich geworden, d. h., es existiert nur noch eine einzige Phase, Phenol und Wasser sind oberhalb 66°, der „oberen kritischen Lösungstemperatur", in allen Verhältnissen mischbar.

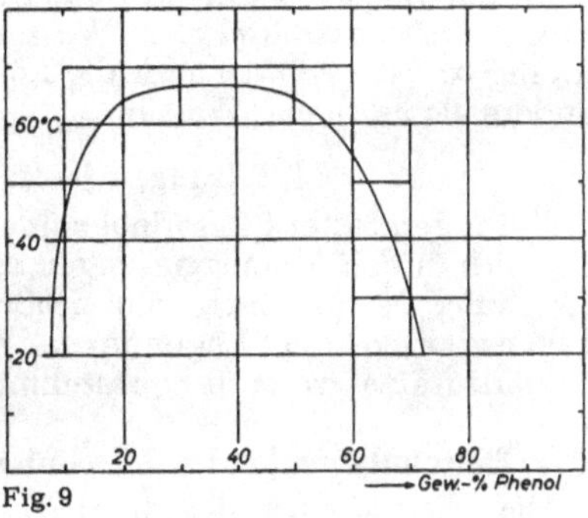

Fig. 9

63. Lösungen von festen Stoffen in Flüssigkeiten

Lösungen von festen Stoffen in Flüssigkeiten sind für chemische Reaktionen noch wichtiger als die Flüssigkeitsgemische, da in einer solchen Lösung der feste Stoff in molekulare Verteilung, also in einen sehr reaktionsfähigen Zustand gebracht wird. Die Löslichkeit eines gegebenen Stoffes (z. B. Zucker) ist vom Lösungsmittel abhängig und steigt im Gegensatz zu der Löslichkeit von Gasen in Flüssigkeiten mit der Temperatur an. Die Löslichkeit ist begrenzt, wie dies auch bei flüssigen Lösungen von Gasen und Flüssigkeiten der Fall ist. Eine gesättigte Lösung nimmt nichts mehr von dem gelösten Stoff auf. Dieser bleibt als *Bodenkörper* im Gleichgewicht mit der Lösung zurück. Andere Stoffe werden indessen von einer gesättigten Lösung eines gegebenen Stoffes noch aufgelöst, z. B. Kochsalz in einer wäßrigen Zuckerlösung. Da im letzteren Fall das Lösungsmittel nicht Wasser, sondern eine Zuckerlösung ist, ist natürlich auch die Löslichkeit des NaCl eine andere als in reinem Wasser.

64. Lösungen fester Stoffe

Lösungen fester Stoffe ineinander (feste Lösungen) finden sich in den Metallegierungen sehr zahlreich. Ihre Erforschung ist praktisch von großer Bedeutung, da die Eigenschaften der Legierungen bereits durch geringe Fremdzusätze wesentlich bestimmt werden.

65. Thermodynamik der Mischphasen. Partielle Größen

Die Eigenschaften der in einem homogenen Mehrstoffsystem enthaltenen Stoffe setzen sich im allgemeinen *nicht additiv* aus denen der reinen Stoffe zusammen. Dies ist nur bei Mischungen aus idealen Gasen der Fall, wo wir die Volumadditivität zur Ableitung des Daltonschen Gesetzes benutzt haben. Mischt man beispielsweise 10 ccm HOH und 10 ccm Alkohol, so erhält man nur 19 ccm Mischung. Es findet eine Kontraktion statt. Die Ursachen solcher Nichtadditivitäten sind letzten Endes die Wechselwirkungen der vermischten Moleküle, also die Tatsache, daß ein herausgegriffenes Molekül sich nicht in einer Umgebung von seinesgleichen befindet, sondern auch Teilchen des zweiten Partners als Nachbarn hat.

Die Beschreibung der Zustandsgrößen wird wegen dieser Nichtadditivität komplizierter, da man zunächst nicht weiß, welcher Teil z. B. der Volumkontraktion auf das Konto des einen oder anderen Partners zu setzen ist. Bei Additivität wäre für das Gesamtvolumen V eines Systems aus n_A Molen des Stoffes A und n_B Molen von B zu schreiben

$$V = n_A \cdot v^\circ_A + n_B \cdot v^\circ_B ,$$

falls v_A° bzw. v_B° die Molvolumina der reinen Stoffe A bzw. B bedeuten. Bei Nichtadditivität kann man in Ermangelung einer physikalisch begründeten Aufteilung nur eine *mathematisch fundierte* benutzen, nämlich

$$\boxed{V = n_A \cdot \left(\frac{\partial V}{\partial n_A}\right) + n_B \cdot \left(\frac{\partial V}{\partial n_B}\right)}$$

oder kürzer

$$V = n_A \cdot \bar{v}_A + n_B \cdot \bar{v}_B \,.$$

$\bar{v}_A$ und $\bar{v}_B$ heißen die *Partialvolumina* oder die partiellen molaren Volumina der Stoffe A und B. Mit ihnen kann man genau so r e c h n e n wie mit den Molvolumina, muß aber beachten, daß die $\bar{v}$ keine Konstanten sind, sondern von der Konzentration abhängen.

Sie lassen sich erst ermitteln, wenn V des Systems als $f(n_A, n_B)$ bekannt sind. Dann sind sie einfach die partiellen Differentialquotienten vom Gesamtvolumen nach der jeweiligen Molzahl (n i c h t nach der Konzentration!). Eine Reihe recht einfacher graphischer Verfahren zur zweckmäßigen Ermittlung der Partialvolumina sind in größeren Lehrbüchern der Physikalischen Chemie nachzulesen.

Die *physikalische Bedeutung dieser Partialvolumina* ist recht einfach zu erkennen. Den Wert von $\bar{v}_A$ erhält man als tatsächlich eintretende Volumänderung, die ein System gegebener Konzentration (!) von sehr großer (im Grenzfall ∞ großer) Masse erfährt, falls man 1 Mol A hinzusetzt.

In ähnlicher Weise läßt sich *jede* thermodynamische Zustandsgröße (auch das Volumen ist eine solche!) in partielle molare Größen zerlegen, z. B. die Wärmekapazität C_p des Systems in partielle molare spezifische Wärmen, die freie Enthalpie G in die molaren partiellen freien Enthalpien $\bar{g}_i$.

66. Zerlegung der Reaktionseffekte. Chemische Potentiale

Durch die partiellen molaren Größen lassen sich auch die Reaktionseffekte sehr einfach in Anteile der einzelnen, das reagierende System aufbauenden Stoffe zerlegen. Fassen wir z. B. das Systemvolumen als Funktion von p, T, λ auf, so gilt für das vollständige Differential

$$dV = \frac{\partial V}{\partial p} dp + \frac{\partial V}{\partial T} dT + \frac{\partial V}{\partial \lambda} d\lambda .$$

Betrachtet man aber das System als abhängig von p, T und den Molzahlen n_1, n_2, ... der beteiligten Stoffe, so lautet das vollständige Differential

$$dV = \frac{\partial V}{\partial p} dp + \frac{\partial V}{\partial T} dT + \frac{\partial V}{\partial n_1} dn_1 + \frac{\partial V}{\partial n_2} dn_2 \ldots$$

Beide Ausdrücke müssen identisch sein, also

$$\frac{\partial V}{\partial \lambda} d\lambda = \sum \frac{\partial V}{\partial n_i} dn_i \, .$$

Läuft nun im System eine Reaktion ab, so muß die Veränderung der Molzahlen n_i grundsätzlich so beschaffen sein, daß (s. S. 32)

$$\nu_i \cdot d\lambda = dn_i$$

ist. Einsetzen dieser Beziehung ergibt

$$\frac{\partial V}{\partial \lambda} d\lambda = \left[\sum \nu_i \left(\frac{\partial V}{\partial n_i} \right) \right] d\lambda$$

oder

$$\mathfrak{V} = \Sigma \, \nu_i \cdot \overline{v_i} \, ,$$

wobei die Definitionsgleichungen

$$\frac{\partial V}{\partial \lambda} = \mathfrak{V} \text{ (s. S. 84) und } \frac{\partial V}{\partial n_i} = \overline{v_i} \quad \text{(s. S. 95)}$$

verwendet wurden.

Für die übrigen Reaktionseffekte gilt daher ganz entsprechend

$$\mathfrak{U} = \Sigma \, \nu_i \overline{u_i} \quad ; \qquad \mathfrak{H} = \Sigma \, \nu_i \overline{h_i} \; ; \qquad \mathfrak{S} = \Sigma \, \nu_i \overline{s_i} \; ;$$

$$\mathfrak{A} = \Sigma \, \nu_i \overline{g_i} = \Sigma \, \nu_i \overline{f_i} \equiv \Sigma \, \nu_i \mu_i \, .$$

Die letzte Gleichung enthält die Definition der häufig verwendeten „chemischen Potentiale" μ_i, die also gleich den partiellen molaren freien Enthalpien *und* freien Energien sind. $\overline{g_i}$ und $\overline{f_i}$ werden als Bezeichnungen meist nicht benutzt.

67. Chemisches Gleichgewicht

Zu den Bedingungen, die eine leichte Beschreibbarkeit der behandelten Systeme ermöglichen, gehört außer dem Druck- und Temperatur-Gleichgewicht im System auch die Unveränderlichkeit der Stoffmengen, selbst dann, wenn eine chemische Reaktion möglich ist. Man spricht in diesem Sinne vom „chemischen Gleichgewicht" im System.

Auf den ersten Blick scheint es, als ob viele, wenn nicht alle chemischen Reaktionen vollständig nach einer Richtung verliefen. So verbrennt z. B. ein Stück Kohle in Luft oder reinem Sauerstoff vollständig, und ebenso verbinden sich äquivalente Mengen von Eisen und Schwefel scheinbar ohne Rest. Wasserstoff und Sauerstoff ergeben ebenfalls bei richtigem Mischungsverhältnis Wasser, ohne daß erkennbare Mengen der Ausgangsgase übrigbleiben. Tatsächlich gibt es aber eine solche vollständig verlaufende Reaktion nicht, wie man an vielen anderen Beispielen erkennt. Eine Vollständigkeit des Umsatzes kommt nur insofern in Frage, als eine Phase des Systems völlig verschwinden kann, wie z. B. die feste Phase bei Verbrennung von Kohlenstoff in Luft gänzlich aufgebraucht wird. Grundsätzlich haben wir uns vorzustellen, daß alle Stoffe (in diesem Fall Kohlenstoff) gasförmig in geringer Menge vorhanden bleiben, daß z. B. auch bei Vereinigung von Eisen und Schwefel der über beiden befindliche Raum nach der Reaktion sowohl geringe Mengen der Ausgangsstoffe wie der Endprodukte enthält. Eine solche Betrachtung erscheint nur deswegen zunächst ungewohnt, weil der Dampfdruck fester Stoffe bei gewöhnlicher Temperatur meist nur sehr klein ist, sich infolgedessen schlecht messen läßt und sich der direkten Wahrnehmung entzieht. Grundsätzlich müssen wir festhalten, daß jeder Stoff einen bestimmten Dampfdruck besitzt und daß deswegen j e d e Reaktion im Gaszustand durchgeführt werden kann. An Beispielen solcher Gasreaktionen erkennen wir dann sehr deutlich, daß die Umsetzungen zwar bis zum Aufbrauch einer Phase, nicht aber bis zum Aufbrauch eines Stoffes verlaufen.

Besonders deutlich wird dies an dem klassischen Beispiel der Bildung von Jodwasserstoff aus Wasserstoff und Jod. Schließt man H_2 und J_2 in ein Reaktionsgefäß ein, so verbinden sich beide Gase nur bis zu einem gewissen Grade miteinander, was man an der braunen Farbe des unverbundenen Jod er-

Tabelle 6: Jodwasserstoff-Gleichgewicht bei 444,5° C.

Ausgangsmenge in ccm		Gleichgewichtsmenge in ccm			HJ berechnet mit
H_2	J_2	H_2	J_2	HJ	$K = 0{,}01984$
8,10	2,94	5,27	0,13	5,66	5,64
7,94	5,30	3,18	0,54	9,52	9,49
8,07	9,37	1,40	2,60	13,34	13,47
8,12	14,44	0,72	7,03	14,82	14,93
8,02	27,53	0,32	19,83	15,40	15,54
7,89	33,10	0,33	25,54	15,12	15,40

kennt, und man kann nun den Prozentsatz aller vorhandenen Stoffe analytisch ermitteln, was von H. Bodenstein durchgeführt wurde. Tab. 6 zeigt, daß die Menge des gebildeten Jodwasserstoffes stark abhängt vom Verhältnis der Ausgangsmengen an Jod und Wasserstoff. Der Stoffumsatz erfolgt also nur bis zu einem gewissen Punkt, den man nicht überschreiten kann. Man sagt dann, die reagierenden Stoffe und ihre Produkte befinden sich im chemischen Gleichgewicht.

68. Katalysatoren

Den Begriff des Gleichgewichts hat man aus der Mechanik übernommen, und man kann beim chemischen Gleichgewicht ebensowenig eine Veränderung des Systems feststellen, wie bei einem im Gleichgewicht befindlichen mechanischen System, z. B. einer austarierten Waage. Dies Beispiel bietet noch eine weitere Vergleichmöglichkeit insofern, als eine Waage, die sich nicht bewegt, keineswegs immer im Gleichgewicht zu sein braucht. Man muß dazu auch noch wissen, ob die Waage arretiert ist oder nicht. Ebenso gibt es bei chemischen Untersuchungen Fälle, in welchen sich „Hemmungen" der Reaktion bemerkbar machen. Man muß dann die Reaktion erst durch irgendwelche Hilfsmittel in Gang bringen oder beschleunigen; sie muß erst „angeregt" werden. Z. B. bleibt ein Gemisch von Wasserstoff und Sauerstoff bei Zimmertemperatur ohne Veränderung. Wenn jedoch ein Funke im Reaktionsraum erzeugt wird, findet eine explosionsartige Vereinigung beider Stoffe zu Wasser statt. Das System befand sich also nicht im Gleichgewicht, und die vorhandenen Hemmungen wurden durch den Funken beseitigt. Bei Vorliegen eines wirklichen Gleichgewichts darf eine derart kleine und kurz dauernde Veränderung des Systems die Zusammensetzung nicht so weitgehend verändern. — Die gleiche Wirkung bringt auch ein kleines Stückchen Platinschwamm hervor. Der Platinschwamm beschleunigt den Ablauf der ursprünglich außerordentlich langsam verlaufenden Reaktion und das „stabile" Gleichgewicht stellt sich ein. Wir erkennen dies daran, daß ein neuerlicher Funke keine Veränderungen des Systems mehr bewirkt. Stoffe, die (wie im vorliegenden Falle das Platin) eine Reaktion beschleunigen, ohne jedoch die Lage des Gleichgewichts zu ändern, und die außerdem unverändert aus der Reaktion hervorgehen, bezeichnet man als „Katalysatoren" (Anreger der Reaktion).

Wir erkennen also, daß das chemische Gleichgewicht dadurch gekennzeichnet ist, daß eine kleine Veränderung der inneren oder äußeren Bedingungen, unter denen sich das System befindet, ebenfalls einen nur kleinen Umsatz mit sich bringt. Im Beispiel der Waage würde das zusätzliche Auflegen eines kleinen Gewichtsstückes einer solchen Änderung entsprechen, während bei chemischen Systemen ein geringer Stoffzusatz oder eine geringfügige Änderung von Druck oder Temperatur solche Änderungen vorstellen.

69. Kinetische Ableitung des Massenwirkungsgesetzes

Daß die Lage des Gleichgewichts, also das im Gleichgewicht vorhandene Mengenverhältnis der Stoffe nicht nur von Druck, Temperatur und anderen äußeren Bedingungen abhängt, sondern wesentlich durch die Konzentration der Ausgangsstoffe zu Beginn der Reaktion bestimmt wird, wurde erstmals von Guldberg und Waage (1867) erkannt und ist als das Gesetz der chemischen Massenwirkung bekannt (MWG).

Am einfachsten gelangt man zu diesem Gesetz mit Hilfe der kinetischen Theorie, und zwar betrachten wir das Gasgemisch als den einfachsten Fall. Kinetisch stellen wir uns ein Gas vor als aus einzelnen Molekeln bestehend, die sich dauernd bewegen und gegeneinanderstoßen. Eine chemische Umsetzung kann offenbar nur dann erfolgen, wenn zwei Teilchen aneinanderstoßen. Zur Berechnung des chemischen Umsatzes müssen wir also die Stoßzahl ermitteln. Das ist mit Hilfe der kinetischen Theorie ohne weiteres möglich. Die Zahl wird um so größer sein, je höher die Temperatur ist, und wird ferner von der Volumkonzentration der Stoffe derart abhängen, daß bei höherer Konzentration auch die Stoßzahl wächst. Damit ist der Kern des MWG schon gegeben. Zur genauen Ableitung betrachten wir zunächst die Reaktion $H_2 + J_2 \rightleftarrows 2\,HJ$.

Gehen wir von reinem H_2 und reinem J_2 aus, so bildet sich durch Zusammenstoß von H_2- und J_2-Molekeln Jodwasserstoff. Je mehr HJ sich bildet, um so häufiger stoßen auch 2 HJ-Molekeln zusammen, wobei diese zerfallen und H_2 und J_2 zurückgebildet werden. Schließlich spielt sich das Gleichgewicht ein, und es zerfallen genau soviel HJ-Molekeln wie aus H_2 und J_2 gebildet werden. Das Gleichgewicht bedeutet also nur einen scheinbaren Stillstand der Reaktion; tatsächlich ist nur der Umsatz in der einen Richtung gleich dem in der anderen Richtung, also die Geschwindigkeit der Hinreaktion gleich der der Rückreaktion. Wir müssen also Ausdrücke für diese Geschwindigkeit aufstellen. Zu diesem Zweck betrachten wir im Gleichgewicht Hin- und Rückreaktion getrennt. Das ist erlaubt, weil ja z. B. die Molekeln H_2 und J_2 sich völlig unabhängig von den HJ-Molekeln bewegen, also gewissermaßen nichts voneinander wissen.

Wir betrachten das Einheitsvolumen und greifen eine H_2-Molekel heraus; dann ist die Zahl n der Stöße in der Zeiteinheit, die diese Molekel mit den J_2-Molekeln erleidet, offenbar proportional der Konzentration c_{J_2} der J_2-Molekeln; also $n = k_1 \cdot c_{J_2}$. Haben wir 2 H_2-Molekeln, so ist die Häufigkeit der Stöße doppelt so groß, also $n = k_1 \cdot 2 \cdot c_{J_2}$; sind nun im Einheitsvolumen c_{H_2}-Molekeln vorhanden, so beträgt die Stoßzahl $n = k_1 \cdot c_{H_2} \cdot c_{J_2}$. Nun führen aber sicherlich nicht alle vorkommenden Stöße zu einem chemischen Umsatz, sondern nur z. B. besonders heftige oder genau treffende. Daher ist der Umsatz nicht direkt durch die Stoßzahl n in der Zeiteinheit, sondern einen nur von der Temperatur (Heftigkeit!) abhängigen Bruchteil gegeben. Das bedeutet, daß in dem Ausdruck $n = k_1 \cdot c_{H2} \cdot c_{J2}$ die Konstante k_1 einen anderen Wert erhält, den wir mit K_1 bezeichnen wollen. Die Geschwindigkeit der Hinreaktion ist also gegeben durch

$$v_1 = K_1 \cdot c_{H_2} \cdot c_{J_2}\ .$$

Die Ermittlung der Geschwindigkeit der Rückreaktion erfolgt in genau der gleichen Weise. Zur Reaktion ist der Zusammenstoß von 2 HJ-Molekeln erforderlich. Hätten wir nur eine spezielle HJ-Molekel, die mit den übrigen zum erfolgreichen Stoß kommen kann, so wäre die Stoßzahl gegeben durch $n = k_2 \cdot c_{HJ}$. Hätten wir im Einheitsvolumen 2 solcher HJ-Molekeln, so wäre n doppelt so groß, also $n = 2 \cdot k_2 \cdot c_{HJ}$. Liegen c_{HJ}-Molekeln vor, so muß daher die Stoßzahl gegeben sein durch $n = k_2 \cdot c_{HJ} \cdot c_{HJ} = k_2 \cdot c^2_{HJ}$. Da wiederum nur ein bestimmter Bruchteil der Stöße zum chemischen Umsatz führen wird, müssen wir die Konstante k_2 durch eine andere K_2 ersetzen und erhalten damit für die Geschwindigkeit v_2 der Rückreaktion

$$v_2 = K_2 \cdot c^2_{HJ}.$$

Im Gleichgewicht müssen nun v_1 und v_2 gleich groß sein, sonst liegt kein Gleichgewicht vor. Also erhalten wir aus $v_1 = v_2$:

$$K_1 \cdot c_{H_2} \cdot c_{J_2} = K_2 \cdot c^2_{HJ}$$

oder

$$\frac{c^2_{HJ}}{c_{H_2} \cdot c_{J_2}} = \frac{K_1}{K_2} = K.$$

Das ist der mathematische Ausdruck für das MWG. Der Quotient K_1/K_2 ist eine nur von der Temperatur abhängige Konstante, die als Gleichgewichtskonstante K bezeichnet wird. Wir erkennen somit, daß bei gegebener Konzentration von H_2 und J_2 und gegebener Gleichgewichtskonstante K die Konzentration c_{HJ} eindeutig festgelegt ist.

Als zweites Beispiel wählen wir die Reaktion

$$N_2 + 3H_2 = 2NH_3.$$

Damit eine Reaktion eintreten kann, müssen offenbar 3 H_2- und 1 N_2-Molekel gleichzeitig zusammenstoßen, d. h. es muß ein Viererstoß erfolgen. Greifen wir wieder eine H_2-Molekel heraus, so beträgt die Häufigkeit der Zweierstöße zwischen dieser und den übrigen H_2-Molekeln $n = K_1 \cdot c_{H_2}$. Da nun alle H_2-Molekeln miteinander zusammenstoßen können, ist also die Häufigkeit aller Zweierstöße $n = K_1 \cdot c^2_{H_2}$ ähnlich wie im Beispiel des HJ-Gleichgewichts. Auf alle solche gerade sich berührende „Doppelmolekeln" soll jetzt noch gleichzeitig eine dritte H_2-Molekel stoßen. Eine bestimmte H_2-Molekel kann solche Doppelmoleküle um so öfter treffen, je größer deren Menge ist. Diese ist natürlich proportional der Häufigkeit der Zweierstöße $n = K_1 \cdot c^2_{H_2}$. Sind nun im betrachteten Volumen c_{H_2} Molekeln Wasserstoff vorhanden, so ist also die Häufigkeit der Dreierstöße gleich

$$n = k' \cdot c^2_{H_2} \cdot c_{H_2} = k' \cdot c^3_{H_2}.$$

Die zur Reaktion noch erforderliche N_2-Molekel kann nun wiederum um so häufiger stoßen, je größer die Konzentration der Dreifach-Molekeln ist, und die Häufigkeit dieser Viererstöße ist also gegeben durch

$$n = K_1 \cdot c^3_{H_2} \cdot c_{N_2}.$$

Da wieder nur ein Bruchteil dieser Stöße erfolgreich sein wird, ist die Konstante k' durch eine andere K_1 zu ersetzen, wenn wir die Geschwindigkeit der Reaktion ermitteln wollen. Es wird also

$$v_1 = K_1 \cdot c^3_{H_2} \cdot c_{N_2}.$$

Zur Rückreaktion müssen 2 NH_3-Molekeln zusammenstoßen, weswegen sich für diese Geschwindigkeit ähnlich wie beim HJ-Gleichgewicht ergibt

$$v_2 = K_2 \cdot c^2_{NH_3}.$$

Durch Gleichsetzen von v_1 und v_2 ergibt sich also als Ausdruck für das MWG

$$K_1 \cdot c^3_{H_2} \cdot c_{N_2} = K_2 \cdot c^2_{NH_3}$$

oder

$$\frac{c^2_{NH_3}}{c^3_{H_2} \cdot c_{N_2}} = \frac{K_1}{K_2} = K.$$

Aus diesen beiden Beispielen erkennt man nun die allgemeine Form, die das MWG besitzen muß, falls eine Reaktionsgleichung der Art

$$n_1 \cdot A + n_2 \cdot B + \cdots = n_1' \cdot C + n_2' \cdot D + \cdots.$$

vorliegt. Als Zähler erscheint nämlich immer das Produkt der Konzentrationen der Stoffe auf der rechten Seite, wobei als Exponent an den betreffenden Konzentrationen die in der Gleichung auftretende Molekelzahl (n'_1 oder $n'_2 \ldots$) erscheint. Im Nenner steht der gleiche Ausdruck, bezogen auf die linke Seite. Dieser Quotient ist nach dem MWG eine Konstante, gleich der Gleichgewichtskonstanten K_c, wobei zu beachten ist, daß als Konzentrationsmaß die Molzahl in der Volumeinheit gewählt werden muß. Das MWG lautet also für homogene Reaktionen in seiner allgemeinsten Form:

$$\frac{c_C^{n_1'} \cdot c_D^{n_2'} \cdots}{c_A^{n_1} \cdot c_B^{n_2} \cdots} = K_c\,.$$

Es ist natürlich gleichgültig, welche Konzentrationen man in den Zähler schreibt; eine Übereinkunft hierüber besteht nicht. In diesem Buch soll immer die rechte Seite des Reaktionsschemas im Zähler erscheinen, da auf dieser fast immer die Endprodukte der Reaktion stehen, an denen man interessiert ist. Einem größeren K entspricht dann auch eine größere Ausbeute, was leicht zu merken ist.

Verschiedene Konzentrationsmaße: Statt der Volumenkonzentration kann man auch irgendein anderes Maß verwenden, wie z. B. die Partialdrucke der betreffenden Gase oder ihre Molenbrüche. Mit der Volumenkonzentration hängen z. B. die Partialdrucke zusammen über das Gasgesetz. Bezeichnen wir die Molzahl des i-ten (wobei i also irgendeins der Gase bezeichnet) vorhandenen Gases mit n_i und das Reaktionsvolumen mit V, so ist $c_i = n_i/V$, und in dieser Gleichung kann jetzt V mittels des allgemeinen Gasgesetzes $pV = n \cdot RT$ durch p ausgedrückt werden. Wegen $p_i \cdot V = n_i \cdot RT$ ist dann

$$\text{(I)} \qquad c_i = \frac{n_i}{V} = p_i \cdot \frac{1}{RT}.$$

Weiterhin hängt der Partialdruck p eines Gases mit seinem Molenbruch x_i zufolge des Daltonschen Gesetzes zusammen durch die Beziehung $p_i = x_i \cdot p$, wo p den Gesamtdruck im Reaktionsgefäß bedeutet. Daher wird also

$$\text{(II)} \qquad c_i = x_i \cdot \frac{p}{RT}.$$

Unter Umständen kann man bei bekanntem, festem Volumen V auch die Molzahlen n_i selbst als Konzentrationsmaß verwenden. Je nachdem, ob man nun das MWG in Volumkonzentrationen, Partialdrucken, Molenbrüchen oder Molzahlen schreibt, erhält man verschiedene Ausdrücke und bezeichnet dementsprechend die einzelnen Gleichgewichtskonstanten durch K_c ,K_p , K_x oder K_n . Der Wert des Konstanten bleibt immer dann der gleiche, gleichgültig, ob ich c_i, p_i, x_i oder n_i als Maß verwende, wenn bei der Umrechnung die Umrechnungsfaktoren sich wegheben, wenn also im Zähler gleichviel Faktoren c wie im Nenner stehen. Das ist immer dann der Fall, wenn es sich um Reaktionen ohne Änderung der Molzahl handelt, wie das z. B. beim HJ-Gleichgewicht der Fall ist. Für diese Reaktion $H_2 + J_2 \rightleftarrows 2\,HJ$ folgt z. B.

$$K_c = \frac{c_{HJ}^2}{c_{H_2} \cdot c_{J_2}} = \frac{n_{HJ}^2 \cdot V \cdot V}{V^2 \cdot n_{H_2} \cdot n_{J_2}} = \frac{n_{HJ}^2}{n_{H_2} \cdot n_{J_2}} = K_n$$

$$K_c = \frac{c_{HJ}^2}{c_{H_2} \cdot c_{J_2}} = \frac{p_{HJ}^2}{p_{H2} \cdot p_{J2}} = K_p = \frac{x_{HJ}^2}{x_{H_2} \cdot x_{J_2}} = K_x.$$

Für Reaktionen ohne Änderung der Molzahl gilt also

$$K_c = K_p = K_x = K_{n'}.$$

Erfolgt bei der Reaktion eine Änderung der Molzahl, so erhalten wir ein anderes Ergebnis. Für das Beispiel $A + B \rightleftarrows AB$ lautet das MWG $\frac{c_{AB}}{c_A \cdot c_B} = K_c$. Es entsteht also aus zwei Molen der linken Gleichungsseite nur ein Mol AB. Ersetzen wir jetzt c_i durch p_i oder x_i, so heben sich die Umrechnungsfaktoren nicht mehr fort, sondern man erhält:

$$K_c = \frac{c_{AB}}{c_A \cdot c_B} = \frac{p_{AB} \cdot 1/RT}{p_A \cdot 1/RT \cdot p_B \cdot 1/RT}$$

$$= \frac{p_{AB}}{p_A \cdot p_B} \cdot RT = K_p \cdot RT,$$

also

$$K_c = K_p \cdot RT.$$

Ähnlich folgt

$$K_c = \frac{c_{AB}}{c_A \cdot c_B} = \frac{x_{AB} \cdot p/RT}{x_A \cdot p/RT \cdot x_B \cdot p/RT}$$

$$= \frac{x_{AB}}{x_A \cdot x_B} \cdot \frac{RT}{p} = K_x \left(\frac{RT}{p}\right)$$

und

$$K_c = \frac{c_{AB}}{c_A \cdot c_B} = \frac{n_{AB} \cdot V \cdot V}{V \cdot n_A \cdot n_B} = \frac{n_{AB}}{n_A \cdot n_B} \cdot V = K_n \cdot V.$$

Je nach dem Reaktionstyp ist der Faktor, mit dem die verschiedenen Werte von K ineinander umgerechnet werden können, verschieden, und zwar steht bei RT bzw. $\frac{RT}{p}$ bzw. V als Exponent der Überschuß der Summe der Molzahlen der linken Seite des Reaktionsschemas über die auf der rechten Seite insgesamt stehenden Molzahlen. Bezeichnen wir die Molzahlen wie im allgemeinen Schema

$$n_1 \cdot A + n_2 \cdot B + \cdots \rightleftarrows n_1' \cdot C + n_2' \cdot D + \cdots ,$$

so steht als Exponent also $\Sigma n - \Sigma n'$, und wir erhalten allgemein

$$\text{(III)} \quad K_c = K_p \cdot (RT)^{\Sigma n - \Sigma n'}$$

$$= K_x \left(\frac{RT}{p}\right)^{\Sigma n - \Sigma n'} = K_n \cdot (V)^{\Sigma n - \Sigma n'},$$

wobei

$$\Sigma n = n_1 + n_2 + n_3 + \cdots$$

$$\Sigma n' = n'_1 + n'_2 + \cdots$$

ist. Z. B. ist für die Reaktion $N_2 + 3\,H_2 \rightleftarrows 2\,NH_3$

$n_1 = 1$, $n_2 = 3$, $n'_1 = 2$; $\Sigma n = 4$; $\Sigma n' = 2$; also $\Sigma n - \Sigma n' = 2$.

Aus der Beziehung zwischen den Gleichgewichtskonstanten erkennen wir noch folgendes: K_p unterscheidet sich bei Reaktionen mit Änderung der Molzahl von K_c um einen von der Temperatur abhängigen Faktor. Da aber K_p selbst schon temperaturabhängig ist, bedeuten K_c und K_p dem Sinne nach das gleiche, nämlich eine nur von der Temperatur abhängige Konstante (beide besitzen allerdings für gleiche Temperatur nicht den gleichen Zahlenwert). Anders ist dies bei Betrachtung von K_x und K_c. Wählen wir nämlich die Molenbrüche x_i als Maß der Konzentration, so folgt aus der obigen Beziehung, daß K_x nicht nur von der Temperatur, sondern auch vom Druck p abhängt, unter welchem das Gasgemisch steht:

$$K_x = K_c \cdot \left(\frac{p}{RT}\right)^{\Sigma n - \Sigma n'}.$$

Ist der Exponent positiv, so findet eine Abnahme der Molzahl bei der Reaktion statt, wie im obigen Beispiel des NH_3-Gleichgewichts. Wächst nun in diesem Fall der Druck p, so muß auch K_x größer werden, da ja K_c konstant und von p unabhängig ist. Eine Zunahme von K_x bedeutet aber, daß x_{NH_3} auf Kosten von x_{H_2} und x_{N_2} wächst. Wir erhalten also eine größere Ausbeute an NH_3-Molekülen. Die Gesamtmolzahl nimmt infolgedessen bei zunehmendem Druck ab, d. h. das Gasgemisch gibt dem Druck nach und wandelt sich derart um, daß der zusätzliche Druck möglichst wenig zur Auswirkung kommt. Dies ist ein Beispiel für das nach Le Chatelier benannte Prinzip des kleinsten Zwanges; es besagt:

Übt man auf ein im Gleichgewicht befindliches System durch Änderung der äußeren Bedingungen einen Zwang aus, so ändert sich das System so, daß es dem äußeren Zwange ausweicht.

Haben wir Gasreaktionen ohne Änderung der Molzahl, so gilt $K_c = K_x = K_p = K_n$; solche Gleichgewichte sind also vom Druck unabhängig.

Ausbeute bei homogenen Gasreaktionen: Mittels des allgemeinen Ausdrucks für das MWG können wir nun berechnen, welche Ausbeute sich bei bestimmten Konzentrationsverhältnissen ergibt, wenn wir erstens die Gleichgewichtskonstante, zweitens die Ausgangskonzentrationen und drittens das Reaktionsschema kennen. Die Durchführung solcher Berechnungen sei an den folgenden Beispielen erläutert:

I. $H_2 + J_2 \rightleftarrows 2\,HJ$: Als Ausgangsmengen seien vorhanden n_{H_2} Mole H_2 und n_{J_2} Mole Jod, aus denen sich im Gleichgewicht die zunächst unbekannte Anzahl y Mole HJ gebildet haben sollen. Auf Grund des Reaktionsschemas verschwinden nun für jedes gebildete Mol HJ ½ Mol Wasserstoff und ½ Mol Jod. Bilden sich y Mole HJ, so verschwinden je $y/2$ Mole Wasserstoff und Jod. Im Gleichgewicht sind also noch vorhanden $(n_{H_2} - y/2)$ Mole H_2 und $(n_{J_2} - y/2)$ Mole J_2, außerdem y Mole HJ. Da es sich um eine Reaktion ohne Änderung der Molzahl handelt, hat die Gleichgewichtskonstante immer den gleichen Wert, gleichgültig, welches Konzentrationsmaß wir wählen. Wir können also direkt die Molzahlen in den Ausdruck des MWG einsetzen.

$$K = \frac{n_{HJ}^2}{n_{H_2} \cdot n_{J_2}} = \frac{y^2}{(n_{H_2} - y/2) \cdot (n_{J_2} - y/2)}.$$

Löst man diese Gleichung nach y auf, so ergibt sich die Ausbeute an Jodwasserstoff bei gegebener Gleichgewichtskonstante.

II. $N_2O_4 \rightleftarrows 2NO_2$; Dissoziation des Stickstofftetroxyds. Es handelt sich um eine Reaktion mit Änderung der Molzahl. Zunächst seien n Mole N_2O_4 vorhanden, aus denen sich im Gleichgewicht y Mole NO_2 gebildet haben sollen. Auf Grund des Reaktionsschemas verschwindet auf jedes gebildete Mol NO_2 ½ Mol N_2O_4, also sind auf y Mole NO_2 $y/2$ Mole N_2O_4 verbraucht worden. Im Gleichgewicht sind also nur noch vorhanden $(n - y/2)$ Mole N_2O_4 und außerdem y Mole NO_2. Die Gesamtzahl ist also $n - y/2 + y = n + y/2$. Nehmen wir an, es sei uns K_c gegeben; dann folgt für das MWG

$$K_c = \frac{c_{NO_2}^2}{c_{N_2O_4}} = \frac{y^2 \cdot V}{V^2 \cdot (n - y/2)} = \frac{y^2}{V \cdot (n - y/2)},$$

worin V das Gesamtvolumen des Systems bedeutet. Dies müßten wir also auch noch messen, um y berechnen zu können. Gewöhnlich wird man aber den Druck p, unter dem das System steht, einfacher angeben können und daher V mit Hilfe des allgemeinen Gasgesetzes durch p ausdrücken. Die gesamte Anzahl Mole ist $n + y/2$; also lautet das Gasgesetz $p \cdot V = (n + y/2) \cdot RT$, woraus sich ergibt $V = (n + y/2) \cdot \frac{RT}{p}$.

Also gilt

$$K_c = \frac{y^2}{(n + y/2) \cdot (n - y/2)} \cdot \frac{p}{RT}$$

oder

$$K_c = \frac{y^2}{n^2 - y^2/4} \cdot \frac{p}{RT}.$$

Zur Ermittlung der Ausbeute muß also außer K_c auch der Gesamtdruck p bekannt sein. Verwenden wir als Konzentrationsmaß die Partialdrucke, die mit den Molzahlen durch Gleichung (I) verknüpft sind, so folgt wegen

$$p_{NO_2} = n_{NO_2} \cdot \frac{RT}{V} = y \cdot \frac{RT}{V};$$

$$p_{N_2O_4} = n_{N_2O_4} \cdot \frac{RT}{V} = (n - y/2) \cdot \frac{RT}{V}; \; V = (n + y/2) \cdot \frac{RT}{p}$$

zunächst durch Einsetzen von V

$$p_{NO_2} = p \cdot \frac{y}{n + y/2}; \; p_{N_2O_4} = p \cdot \frac{n - y/2}{n + y/2}.$$

Damit wird dann

$$K_p = \frac{p^2_{NO_2}}{p_{N_2O_4}} = \frac{p^2 \cdot y^2 \cdot (n + y/2)}{(n + y/2)^2 \cdot p \cdot (n - y/2)} = p \cdot \frac{y^2}{n^2 - y^2/4}.$$

Das gleiche Ergebnis hätten wir auch aus Gleichung (III) unter Benutzung des obigen Wertes von K_c unter Berücksichtigung der Tatsache finden können, daß $\Sigma n = 1$, $\Sigma n' = 2$, also $\Sigma n - \Sigma n' = -1$ ist. Es ist nämlich nach Gleichung (III)

$$K_c = K_p \cdot (RT)^{\Sigma n - \Sigma n'} = K_p \cdot (RT)^{-1} = K_p \cdot \frac{1}{RT},$$

also

$$K_p = RT \cdot K_c = RT \cdot \frac{y^2}{n^2 - y^2/4} \cdot \frac{p}{RT} = p \cdot \frac{y^2}{n^2 - y^2/4}.$$

Verwenden wir als Konzentrationsmaß die Molenbrüche x_{NO_2}, und $x_{N_2O_4}$, so folgt wegen $n_{NO_2} = y$ und $n_{N_2O_4} = n - y/2$

$$x_{NO_2} = \frac{y}{n + y/2}; \; x_{N_2O_4} = \frac{n - y/2}{n + y/2}.$$

Daraus folgt

$$K_x = \frac{x^2_{NO_2}}{x_{N_2O_4}} = \frac{y^2}{n^2 - y^2/4}.$$

In der angegebenen Weise kann man also mittels der Reaktionsgleichung und der Ausgangskonzentrationen immer die Form des MWG finden, die gerade verlangt wird.

Dissoziationsgrad: Bei Reaktionen wie der Dissoziation des N_2O_4 interessiert oft nicht die Ausbeute an sich, sondern nur der Dissoziationsgrad α, also der *Bruchteil von Molekeln, der zerfallen ist.* Haben wir anfänglich n Mole N_2O_4 und beträgt der Dissoziationsgrad α, so bedeutet das, daß $n\alpha$ Molekeln zerfallen sind, während die Differenz $n - n \cdot \alpha = n\ (1 - \alpha)$ noch vorhanden ist. Wir können mittels α ebenfalls die Konzentrationen angeben, denn aus $n \cdot \alpha$ zerfallenden N_2O_4-Molekeln entsteht auf Grund des Reaktionsschemas die doppelte Zahl, nämlich $2 \cdot n\alpha$ Molekeln NO_2. Die Gesamtmolzahl im Dissoziationsgleichgewicht ist daher $n\ (1 - \alpha) + 2n\alpha = n\ (1 + \alpha)$ Mole. Damit werden z. B. die Molenbrüche

$$x_{NO_2} = \frac{2n\alpha}{n(1+\alpha)} = \frac{2\alpha}{1+\alpha};\ x_{N_2O_4} = \frac{n(1-\alpha)}{n(1+\alpha)} = \frac{1-\alpha}{1+\alpha}.$$

und wir erhalten

$$K_x = \frac{4\alpha^2}{1-\alpha^2} \text{ oder mittels Gleichung (III):}$$

$$K_c = \frac{p}{RT} \cdot \frac{4\alpha^2}{1-\alpha} \text{ und } K_p = p \cdot \frac{4\alpha^2}{1-\alpha^2}.$$

Man kann also je nach Bedarf mit K_c, K_p oder K_x rechnen. Aus der letzten Formel erkennt man, daß der Dissoziationsgrad mit abnehmendem Druck zunehmen muß, damit K_p den gleichen Wert beibehält. Das entspricht wieder dem Prinzip von Le Chatelier. Nimmt der Druck ab, so verlagert sich das System nach der Richtung, in der mehr Mole gebildet werden, so daß der größere zur Verfügung stehende Raum vom System so gut wie möglich ausgefüllt wird; die NO_2-Bildung nimmt also zu.

Umgekehrt kann man natürlich bei der erstmaligen Untersuchung von Gleichgewichten die Gleichgewichtskonstante ermitteln, indem man die Ausgangskonzentrationen und die Gleichgewichtskonzentrationen der Endprodukte analytisch feststellt, wie dies aus dem Beispiel des HJ-Gleichgewichts in Tab. 6 hervorgeht.

Weiter kann das MWG zur Prüfung der Richtigkeit eines Reaktionsschemas dienen. Das MWG sagt ja aus, daß der Quotient der Konzentrationen, der sich aus dem angenommenen Reaktionsschema ergibt, für jedes Verhältnis der Ausgangskonzentrationen eine Konstante sein muß. Man mißt nun für eine ganze Reihe wechselnder Ausgangskonzentrationen die Gleichgewichtskonzentrationen und bildet mit den analytisch gefundenen Konzentrationswerten den Quotienten, der das MWG auf Grund des angenommenen Reaktionsschemas darstellt. Ist der Quotient tatsächlich eine Konstante, so ist das Schema richtig, während bei inkonstanten Ergebnissen für K ein anderes Reaktionsschema gewählt werden muß. Aus Tab. 6 erkennt man, daß offensichtlich das Reaktionsschema der HJ-Bildung richtig ist, da die Abweichungen von K innerhalb der Fehlergrenzen der Analysenmethode liegen. (Vergleich von Spalte 5 und 6!)

70. Thermodynamische Gleichgewichtsbedingungen

Die kinetische Ableitung des Massenwirkungsgesetzes läßt sich nicht in allen Fällen mit Erfolg anwenden, z. B. nicht für eine Reaktion $A + B \rightarrow AB$. Allgemeine Gültigkeit können wir auch nur für eine thermodynamische Ableitung erwarten. Diese läßt sich im Anschluß an den auf Seite 73 erwähnten Satz formulieren, daß in einem abgeschlossenen System die Entropie stets zunimmt. Irgendwelche Prozesse, also auch chemische Reaktionen, können sich daher nicht mehr abspielen, wenn die Entropie ihr Maximum erreicht hat. Dann ist Gleichgewicht eingetreten. Im Maximum ist der I. Differentialquotient gleich Null, also gilt als *Gleichgewichtsbedingung für abgeschlossene Systeme*

$$dS = 0.$$

Ist das System noch nicht im Gleichgewicht, so kann noch

$$dS > 0$$

sein. Also allgemein für Vorgänge in abgeschlossenen Systemen $dS \geqq 0$.

Ein abgeschlossenes System ist im Labor nicht das normale, sondern man hat meist als Nebenbedingung für eine Reaktion die Konstanz von Temperatur oder Druck oder Volumen. Für diese Fälle knüpfen wir an die allgemeinere Formulierung (s. Seite 73 Gl. (19)) an, die man für differentielle Änderungen schreiben kann:

$$\frac{\delta Q_{irr}}{T} < dS.$$

Nach dem immer gültigen I. Hauptsatz muß sein

$$\delta Q_{irr} = dU - \delta A_{irr}.$$

Im Fall einer freiwillig laufenden Reaktion bei konstantem Druck (übliche Laborbedingungen) ist der gesamte Arbeitsaustausch gleich der als reversibel angenommenen Volumarbeit $-p \cdot dV$, da bei freiwilligem irreversiblen Ablauf keine chemische Arbeit beobachtet wird. Also gilt

$$\delta Q_{irr} = dU + p \cdot dV.$$

Für p = konst. (also $dp = 0$) kann man das auch schreiben

$$\delta Q_{irr} = d(U + p \cdot V).$$

Daher wird unsere Ungleichung zu

$$\frac{d(U + p \cdot V)}{T} < dS.$$

Addieren wir auf beiden Seiten $-dS$ und multiplizieren mit T, so bleibt rechts Null, und die Ungleichung wird zu

$$d(U + pV) - T \cdot dS < 0.$$

Falls noch T = konst. vorausgesetzt wird, ist wegen $dT = 0$

$$T \cdot dS = d(T \cdot S);$$

daher folgt

$$d(U + pV - TS) < 0;$$

das ist aber identisch mit

$$dG < 0.$$

Freiwillig verlaufende Vorgänge bei p, T = konst. müssen also immer eine Verminderung der Freien Enthalpie G des Systems ergeben. Bei Aufhören der freiwilligen Vorgänge, also *im Gleichgewicht*, ist daher ein *Minimum von* G vorhanden, das durch die Bedingung

$$dG = 0$$

gekennzeichnet werden kann.

dG ist für reversible Vorgänge bei $dp = 0$ und $dT = 0$ gleich $\frac{\partial G}{\partial \lambda} d\lambda$. Das ist aber laut Definition $\mathfrak{A} \cdot d\lambda$. Da $d\lambda \neq 0$ angenommen ist (es soll sich wirklich eine Reaktion abspielen!), muß *im Gleichgewicht* $\mathfrak{A} = 0$ und *für freiwillige Vorgänge* $\mathfrak{A} < 0$ sein.

Auf ganz ähnliche Weise findet man für freiwillige Prozesse bei T = konst. und V = konst. (wegen des vollständig fehlenden δA) $dF < 0$ und als Gleichgewichtsbedingung $dF = 0$. Auch für die Reaktionsarbeit $\mathfrak{A}$ folgen die gleichen Bedingungen wie bei Betrachtung von G. Damit wird aber die Lage eines homogenen chemischen Gleichgewichtes als Funktion von p, T und den Konzentrationen der beteiligten Stoffe berechenbar, falls man auf einem reversiblen Weg die Reaktionsarbeit $\mathfrak{A}$ ausrechnen kann (vgl. S. 114).

71. Triebkraft einer Reaktion

Da $\mathfrak{A}$ während einer freiwillig ablaufenden Reaktion von negativen Werten kommend schließlich Null wird, kann man $-\mathfrak{A}$ als Maß für die Triebkraft einer Reaktion verwenden. Diese wichtige Bedeutung von $-\mathfrak{A}$ gibt ein Verfahren an die Hand, die Möglichkeit oder Unmöglichkeit einer unbekannten Reaktion thermodynamisch vorauszuberechnen, ohne daß man die Reaktion überhaupt ablaufen läßt. Man stellt mit Hilfe der Gl. (20), S. 87, aus den $\mathfrak{H}$- und $\mathfrak{S}$-Werten der beteiligten Stoffe fest, ob $\mathfrak{A}$ negativ ausfällt. Ist dies der Fall, so ist die Reaktion thermodynamisch möglich. Findet man ein positives $\mathfrak{A}$, so braucht man nicht weiter an dem Problem zu arbeiten, da ein Ablauf der Reaktion den beiden Hauptsätzen widersprechen würde.

Die thermodynamische Möglichkeit einer Reaktion bedeutet noch nicht, daß in praxi gerade diese Reaktion wirklich abläuft. Es können zwischen den gleichen Ausgangsstoffen auch Reaktionen mit noch *größerer Triebkraft* vorliegen. Ferner ist entscheidend zu beachten, daß der Ablauf der Reaktion (selbst der mit der größten Triebkraft) noch nicht einzutreten braucht, wenn die Geschwindigkeit dieser Reaktion *Hemmungen* unterliegt. Diese Frage läßt sich auf thermodynamischem Wege jedoch nicht klären, sondern erfordert kinetische Betrachtungen (s. Kapitel Reaktions-Geschwindigkeit).

72. Thermodynamische Ableitung des MWG

Zur Ableitung führen wir schrittweise einen Vorgang durch, der das gleiche Ergebnis hat wie die direkte Umsetzung der Ausgangsstoffe in die Endprodukte, der jedoch die reversible Arbeit für jeden Schritt zu berechnen gestattet. Dabei werden die Schritte isotherm und reversibel geleitet.

Es sei gegeben das Reaktionsschema

$$n_1A + n_2B + \ldots \rightleftarrows n_1' C + n_2' D + \ldots .$$

und wir nehmen an, daß in einem Kasten I die Ausgangsstoffe A, B ... bei den beliebigen Konzentrationen c_1, c_2, c_3 ... und die Endproduktion C, D, ... bei ebenfalls willkürlichen Konzentrationen c'_1, c'_2, c'_3 ... vorhanden wären. Die vorhandenen Mengen sind dabei so groß vorausgesetzt, daß ein „Formelumsatz" keine wesentlichen Änderungen der Konzentrationen bewirkt. Da die Konzentrationen c und c' völlig willkürlich gewählt sind, wird im allgemeinen kein Gleichgewicht herrschen, so daß die Stoffe anfangen, sich umzusetzen, wobei je Formelumsatz eine bestimmte reversible Arbeit benötigt wird. Wir denken nun die Reaktion im Kasten I irgendwie abgestoppt und führen sie auf einem Umweg durch, der die Ermittlung von A_{rev} erlaubt. Dieser Umweg führt über den sog. Gleichgewichtskasten (van't Hoff), in welchem die Reaktionsteilnehmer bei Anwesenheit eines geeigneten Katalysators in Gleichgewicht vorhanden sind. Die entsprechenden Gleichgewichtskonzentrationen seien

$$C_1,\ C_2,\ \ldots\ C_1',\ C_2',\ C_3',\ \ldots$$

Die auszuführenden Schritte sind nun folgende:

1. *Schritt:* Entnahme von n_1, n_2 ... Molen der Ausgangsstoffe aus dem Kasten I mittels semipermeabler Membranen.

Als semipermeabel bezeichnet man einen Stoff, der nur für e i n Gas durchlässig ist, nicht aber für die übrigen. Zum Beispiel ist Palladium für Wasserstoff durchlässig, nicht aber für Stickstoff. In die Wände des Kastens I sollen also solche Membranen eingebaut sein. — Eine solche Eigenschaft hängt immer damit zusammen, daß der betreffende semipermeable Stoff den einen (durchdringenden) Stoff gut, die übrigen fast gar nicht löst.

Die Größe der Arbeit bei Entnahme von n_1 Molen aus einem Gemisch ermittelt man an Hand von Fig. 10 folgendermaßen: Durch die Membran M hindurch kann nur Gas 1 mit seinem Partialdruck p_1 treten; deswegen drückt auf den Kolben K auch nur der Druck p_1, und die Volumarbeit, die bei Entnahme von n_1 Molen vom System abgegeben wird, ist $A = -p_1 \cdot \Delta V$, wo ΔV das Volumen ist, um das sich der Kolbenraum vergrößert, wenn n_1 Mole vom Partialdruck p_1 durch die Wand M treten. Auf Grund des Gasgesetzes $p_1 \cdot V = n \cdot RT$ ist dies Volumen $\Delta V = n_1 \cdot \frac{RT}{p_1}$;

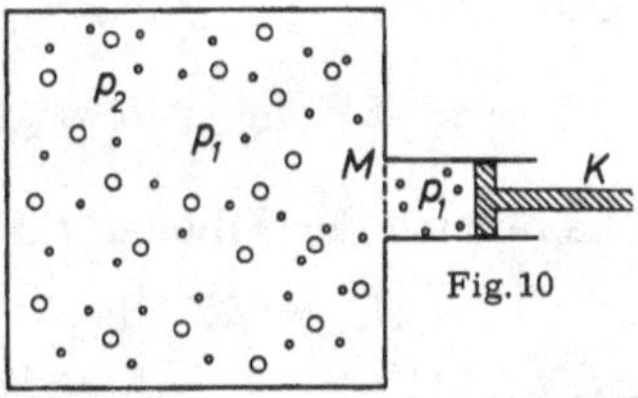

Fig. 10

daher wird $A = -p_1 \cdot n_1 \cdot \frac{RT}{p_1} = -n_2 \cdot RT$. Da p_2 sich weghebt, ist diese Arbeit pro Mol eines jeden Gases die gleiche und unabhängig von dessen Partialdruck. Da wir n_1 Mole des Gases A, n_2 Mole des Gases B, usw. entnehmen, ist die gesamte Arbeit in diesem Schritt gleich

$$\text{(I)} \qquad A_{rev} = -(n_1 + n_2 + n_3 + \cdots) \cdot RT = -(\Sigma n) \cdot RT.$$

Das Minuszeichen muß stehen, weil der Volumvergrößerung des Systems ein Verlust an Arbeit entspricht.

2. *Schritt:* Isotherme und reversible Verdünnung der entnommenen Gasmengen von den Konzentrationen $c_1, c_2, \ldots$ auf die im Gleichgewicht vorhandenen Konzentrationen $C_1, C_2, \ldots$

Die hierzu nötige Arbeit ist für n_1 Mole gegeben durch den Ausdruck $A_{rev} = n_1 \cdot RT \ln \frac{V_1}{V_2}$ (vgl. S. 41). Darin bedeutet V_1 das Volumen, das n_1 Mole bei der Konzentration

c_1 einnehmen $\left(c_1 = \frac{n_1}{V_1}\right)$ und V_2 das Volumen, das die n_1 Mole bei der Konzentration C_1 erfüllen $\left(C_1 = \frac{n_1}{V_2}\right)$. Wir ersetzen nun die Volumina durch die entsprechenden Konzentrationen $V_1 = \frac{n_1}{c_1}; V_2 = \frac{n_1}{C_1}$. Dann wird

$$A_1 = n_1 \cdot RT \cdot \ln \frac{V_1}{V_2} = n_1 \cdot RT \cdot \ln \frac{C_1}{c_1} = RT \cdot \ln \left(\frac{C_1}{c_1}\right)^{n_1}.$$

Die Summe der Arbeiten für alle Gase ist also

$$A_{rev} = RT \cdot \left[\ln \left(\frac{C_1}{c_1}\right)^{n_1} + \ln \left(\frac{C_2}{c_2}\right)^{n_2} + \ldots\right]$$

oder

$$\text{(II)} \qquad A_{rev} = RT \cdot \ln \frac{C_1^{n_1} \cdot C_2^{n_2} \ldots}{c_1^{n_1} \cdot c_2^{n_2} \ldots}.$$

3. *Schritt:* Überführung der n_1, $n_2 \ldots$ Mole der Ausgangsstoffe in den Gleichgewichtskasten.

Wird das sehr langsam durchgeführt, so ändert sich der Gleichgewichtszustand im Kasten nicht merklich, und es wandeln sich die Ausgangsstoffe in die Endprodukte bei den Gleichgewichtskonzentrationen um. Die Überführung selbst wird in ähnlicher Weise wie bei Schritt 1 mit semipermeablen Membranen vorgenommen, und man erkennt sofort, daß die der Fig. 10 entsprechenden Kolben am Gleichgewichtskasten für jedes Mol die Arbeit RT leisten müssen, jetzt aber mit umgekehrtem Vorzeichen wie in Schritt 1. Die Arbeit ist also gegeben durch

$$\text{(III)} \qquad A_{rev} = + (\Sigma n)\ RT.$$

4. *Schritt:* Reaktion der Ausgangsstoffe im Gleichgewichtskasten.

Da die Reaktion unendlich nahe am Gleichgewichtszustand stattfindet, wird hierbei zufolge der Bedingung $A_{rev} = 0$ keine Arbeit umgesetzt. Deswegen ist

(IV) $A_{rev} = 0$.

Um jedoch die Reaktion isotherm durchführen zu können, muß eine der Reaktionswärme entsprechende Wärmemenge Q_{rev} zugeführt werden. Diese hat aber mit der Arbeitsbilanz nichts zu tun.

5. *Schritt:* Entnahme von $n'_1, n'_2, \ldots$ Molen der Endprodukte aus dem Gleichgewichtskasten mittels semipermeabler Wände.

Analog zu Schritt 1 ist hierbei die Arbeit aufzuwenden.

(V) $A_{rev} = -\left(n'_1 + n'_2 + \cdots\right) \cdot RT = -\left(\Sigma n'\right) \cdot RT.$

6. *Schritt:* Isotherme und reversible Kompression der Endprodukte von den Konzentrationen $C'_1, C'_2, \ldots$ auf die im Kasten I herrschenden Konzentrationen $c'_1, c'_2, \ldots$

Analog zu Schritt 1 ist hierbei die Arbeit aufzuwenden

(VI) $$A_{rev} = RT \cdot \ln \frac{c_1'^{n_1'} \cdot c_2'^{n_2'} \ldots}{C_1'^{n'_1} \cdot C_2'^{n_2'} \ldots}.$$

7. *Schritt:* Überführung der $n'_1, n'_2, \ldots$ Mole der Endprodukte in den Kasten I mittels semipermeabler Membranen.

Analog zu Schritt 3 erfolgt hierbei der Arbeitsumsatz

(VII) $A_{rev} = +\left(\Sigma n'\right) \cdot RT.$

Damit haben wir auf dem Umweg über den Gleichgewichtskasten die Ausgangsstoffe in die Endprodukte umgewandelt, und die hierzu benötigte reversible Arbeit ist gleich der Summe aus den einzelnen 7 Schritten. Man erkennt, daß bei der Addition nur die Arbeiten von Schritt 2 und 6 übrigbleiben, so daß folgt

$$A_{rev} = RT \cdot \left[\ln \cdot \frac{C_1^{n_1} \cdot C_2^{n_2} \ldots}{c_1^{n_1} \cdot c_2^{n_2} \ldots} + \ln \frac{c_1'^{n_1'} \cdot c_2'^{n_2'} \ldots}{C_1'^{n'_1} \cdot C_2'^{n_2'} \ldots}\right].$$

Nach der Rechenregel für Logarithmen $\ln a + \ln b = \ln(a \cdot b)$

folgt dann $A_{rev} = RT \cdot \left[\ln \frac{c_1'^{n'_1} \cdot c_2'^{n'_2} \ldots \cdot C_1^{n_1} \cdot C_2^{n_2} \ldots}{c_1^{n_1} \cdot c_2^{n_2} \ldots \cdot C_1'^{n'_1} \cdot C_2'^{n_2'} \ldots}\right]$

oder

$$(23) \qquad A_{rev} = RT \cdot \left[\ln \frac{c_1'^{n_1'} \cdot c_2'^{n_2'} \ldots}{c_1^{n_1} \cdot c_2^{n_2} \ldots} - \ln \frac{C_1'^{n_1'} \cdot C_2'^{n_2'} \ldots}{C_1^{n_1} \cdot C_2^{n_2} \ldots} \right]$$

In diesem Ausdruck sind die mit großen Buchstaben bezeichneten Konzentrationen C und C' als Gleichgewichtskonzentrationen feste Zahlen für jede Reaktion; wir können sie durch eine Konstante K_c ersetzen. Dann ergibt sich:

$$(24) \qquad A_{rev} = RT \cdot \left[\ln \frac{c_1'^{n_1'} \cdot c_2'^{n_2'} \ldots}{c_1^{n_1} \cdot c_2^{n_2} \ldots} - \ln K_c \right] .$$

K_c ist also die Gleichgewichtskonstante der Reaktion, die experimentell bestimmt werden muß. Ist K_c bekannt, so läßt sich mittels Gleichung (24) die reversible Arbeit ausrechnen, die — ausgehend von den Konzentrationen $c_1, c_2, \ldots c'_1, c'_2, \ldots$ — bei einem Formelumsatz verbraucht oder abgegeben wird. Da im Gleichgewicht nach dem II. Hauptsatz $A_{rev} = 0$ sein muß, ergibt sich Gleichgewicht, falls die Beziehung erfüllt ist,

$$(25) \qquad \frac{c_1'^{n_1'} \cdot c_2'^{n_2'} \ldots}{c_1^{n_1} \cdot c_2^{n_1} \ldots} = K_c .$$

Das ist aber genau die Form des MWG, die schon S. 103 kinetisch abgeleitet wurde.

Ist $A_{rev} < 0$, so folgt

$$K_c > \frac{c_1'^{n_1'} \cdot c_2'^{n_2'} \ldots}{c_1^{n_1} \cdot c_2^{n_2} \ldots},$$

d. h. die Konzentrationen $c'_1, c'_2, \ldots$ sind zu klein; es müssen sich mehr Endprodukte bilden, die Hinreaktion verläuft freiwillig. Ist $A_{rev} > 0$, so ist der Quotient aus den Konzentrationen zu groß, d. h. es bilden sich freiwillig mehr Mole der Ausgangsstoffe (Rückreaktion).

73. Gültigkeit des MWG; Aktivität

Die hiermit abgeleitete allgemeine Form des MWG ist ermittelt ohne Benutzung kinetischer Vorstellungen, nur unter Verwendung des II. Hauptsatzes und des idealen

Gasgesetzes. Das letztere begrenzt also den Gültigkeitsbereich der abgeleiteten Formel, da der II. Hauptsatz für alle Vorgänge gilt. Sowie die Gase also in derart hohen Konzentrationen vorliegen, daß die Gasgesetze nicht mehr gelten, erhält man auch Abweichungen vom MWG. Um in solchen Fällen trotzdem wenigstens die Form des MWG beibehalten zu können, hat man den sog. *Aktivitätskoeffizienten* f eingeführt. Er ist diejenige Zahl, mit der man die Konzentration c multiplizieren muß, um die in das MWG einzusetzende wirksame (= aktive) Konzentration zu erhalten; also $f \cdot c = a$. a wird Aktivität genannt. Das MWG wäre dann zu formulieren:

(25 a) $$K_c = \frac{a_1'^{n'_1} \cdot a_2'^{n'_2} \ldots}{a_1^{n_1} \cdot a_2^{n_2} \ldots}.$$

74. Lösungsgleichgewichte

Die Mehrzahl der chemischen Reaktionen findet in Lösung statt, und wir müssen daher eine Gleichgewichtsbedingung auch für Lösungsreaktionen zu ermitteln suchen. Dies gelingt durch Betrachtung des Gleichgewichts einer in Lösung verlaufenden Reaktion mit der überstehenden Gasphase.

Alle gelösten Stoffe besitzen natürlich einen bestimmten Dampfdruck, und man kann die gelösten Stoffe auffassen als Gase, die im Lösungsmittel absorbiert sind. Für das Gleichgewicht der Lösung eines Gases mit dem Gasraum gilt nun, falls es sich um verdünnte Lösungen handelt, das HENRYsche Absorptionsgesetz (s. S. 91), auf Grund dessen die Konzentration $c_{gelöst}$ eines gelösten Gases proportional ist seinem Partialdruck, also seiner Konzentration c_{Gas} in der Gasphase:

(26) $$c_{gelöst} = k \cdot c_{Gas} \text{ oder } c_{Gas} = K \cdot c_{gelöst}.$$

Sind nun mehrere Stoffe in einer verdünnten Lösung vorhanden, so gilt das Gesetz für jeden von ihnen. Da die beiden Phasen Gas und Lösung sich im Gleichgewicht befinden, muß auf Grund des II. Hauptsatzes für die Überführung des Gelösten in die Gasphase und umgekehrt $A_{rev} = 0$ sein. Wir können bei Berücksichtigung dieser Tatsache daher zur Berechnung des Gleichgewichts der in Lösung ablaufenden Reaktion den gleichen Überführungsprozeß verwenden, der bei Ableitung des MWG für Gasreaktionen benutzt wurde. Überführen wir noch vor dem 1. Schritt des Prozesses die durch das Reaktionsschema gegebenen Molzahlen der Ausgangsstoffe aus der Lösung in den Gasraum, machen anschließend die beschriebenen 7 Schritte und überführen als letzten Schritt die Endprodukte aus dem Gasraum in die Lösung, so ergibt sich die gleiche Bilanz für A_{rev} da die zusätzlichen Schritte keinen Arbeitsumsatz bedingen, und wir erhalten auch dieselbe Gleichgewichtsbedingung. Diese gilt zunächst für die im Gasraum vorhandenen Konzentrationen. Da zufolge des HENRYschen Gesetzes diese Konzentrationen aber proportional den in einer verdünnten Lösung vorhandenen sind, kann man die Gaskonzentrationen durch die Lösungskonzentrationen ersetzen. Hierbei bleibt die Form des MWG die gleiche, nur die Gleichgewichtskonstante K erhält einen anderen Zahlenwert. Damit ist nachgewiesen, daß das MWG auch für homogene Lösungsreaktionen gültig ist, solange die Lösung verdünnt ist. — Man erkennt, daß allerdings die Konstante K nun vom gewählten Lösungsmittel abhängt. Der Wert von K ist also kein Kennzeichen der Reaktion mehr.

75. Reaktionswärmen

Zur Berechnung der Zusammenhänge zwischen den Reaktionswärmen, die bei der gleichen Reaktion unter verschiedenen Bedingungen auftreten, unterscheiden wir am besten einerseits zwischen irreversibel bzw. reversibel ablaufenden und andererseits solchen, die bei konstantem Druck bzw. konstantem Volumen durchgeführt werden. Stets wird angenommen, daß die Temperatur konstant bleibt, d. h., daß die Reaktionsprodukte bei der gleichen Temperatur wie die Ausgangsstoffe vorliegen.

Für alle diese Reaktionen gilt der I. Hauptsatz

$$dU = \delta A + \delta Q.$$

Mit seiner Hilfe haben wir Seite 85 abgeleitet, daß für konstantes Volumen und irreversiblen Ablauf die Reaktionsenergie $\mathfrak{U}$ gleich der irreversiblen Reaktionswärme ist. Reversibler Reaktionsablauf bei V = konst. ergibt das Auftreten der Reaktionsarbeit $\mathfrak{A}$ in vollem Betrage, also beim Formelumsatz $d\lambda$:

$$dU = \mathfrak{A} \cdot d\lambda + \delta Q_{rev}$$

auf Grund des I. Hauptsatzes. Bezieht man auf den Formelumsatz $d\lambda = 1$, so folgt

$$\frac{dU}{d\lambda} = \mathfrak{A} + \frac{\delta Q_{rev}}{d\lambda}$$

oder

$$\boxed{\mathfrak{U} = \mathfrak{A} + \mathfrak{L}_v},$$

wo $\mathfrak{L}_v$ die reversible Reaktionswärme bedeutet. In Worten:

Die *irreversible Reaktionswärme ist gleich der Summe aus Reaktionsarbeit und reversibler Reaktionswärme.*

Für *Reaktionen bei konstantem Druck* ist die Enthalpie H nach den Ausführungen auf Seite 86 die geeignete Funktion. Ihr Differentialquotient nach λ stellt die irreversible Reaktionswärme bei konstantem Druck (oder die *Reaktionsenthalpie)* dar.

Reversibler Reaktionsablauf bei p = konst. ergibt wiederum das zusätzliche Auftreten der Reaktionsarbeit $\mathfrak{A}$. Daher lautet der I. Hauptsatz für diesen Fall

$$dU = -p \cdot dV + \mathfrak{A} \cdot d\lambda + \delta Q_{rev}.$$

Für $-p \cdot dV$ setzen wir wieder wegen $dp = 0$ den Wert $d(p \cdot V)$ ein, und können dann umformen in

$$d\,(U + p \cdot V) = \mathfrak{A} \cdot d\lambda + \delta Q_{rev.}$$

$$dH = \mathfrak{A} \cdot d\lambda + \delta Q_{rev.}$$

damit folgt

$$\boxed{\mathfrak{H} = \mathfrak{A} + \mathfrak{L}},$$

wo $\mathfrak{L}$ die reversible Reaktionswärme bei p = konst. bedeutet.

Der Zusammenhang zwischen $\mathfrak{U}$ und $\mathfrak{H}$ ist auf Grund der Gleichungen

$$\mathfrak{U} = \mathfrak{A} + \mathfrak{L}_v \quad \text{und} \quad \mathfrak{H} = \mathfrak{A} + \mathfrak{L}$$

der gleiche wie für $\mathfrak{L}$ und $\mathfrak{L}_v$. Letzterer läßt sich finden, wenn man auf die Definitionsgleichungen zurückgeht. Für reversible Prozesse gilt nach dem II. Hauptsatz $\delta Q = T.dS$. Im Variablensystem V, λ, T würde man dS zerlegen in

$$\text{(I)} \quad \delta Q = T \cdot \frac{\partial S}{\partial V} dV + T \cdot \frac{\partial S}{\partial \lambda} d\lambda + T \cdot \frac{\partial S}{\partial T} dT.$$

Der Faktor von $d\lambda$ ist dann der Wärmeumsatz bei $dV = dT = 0$ und $d\lambda = 1$, der definiert wurde als $\mathfrak{L}_v$.

Im Variablensystem p, λ, T würde man dS zerlegen in

$$\text{(II)} \quad \delta Q = T \cdot \frac{\partial S}{\partial p} dp + T \cdot \frac{\partial S}{\partial \lambda} d\lambda + T \cdot \frac{\partial S}{\partial T} dT.$$

Hier ist der Faktor von $d\lambda$ gleich $\mathfrak{L}$ bei $dp = dT = 0$. Zur Umrechnung beider Systeme faßt man zweckmäßig V als Funktion von p, λ, T auf, also

$$dV = \frac{\partial V}{\partial p} dp + \frac{\partial V}{\partial \lambda} d\lambda + \frac{\partial V}{\partial T} dT.$$

Durch Einsetzen dieses Wertes in die Gleichung (I) für δQ und Sammeln der Glieder erhält man dann

$$\text{(III)} \quad \delta Q = T \cdot \frac{\partial S}{\partial V} \cdot \frac{\partial V}{\partial p} dp + \left(T \frac{\partial S}{\partial V} \cdot \frac{\partial V}{\partial \lambda} + \mathfrak{L}_v\right) d\lambda$$

$$+ \left(T \frac{\partial S}{\partial V} \cdot \frac{\partial V}{\partial T} + T \frac{\partial S}{\partial T}\right) dT.$$

Vergleich der identischen Gleichungen (II) und (III) liefert dann (für die Faktoren von $d\lambda$)

$$T \cdot \frac{\partial S}{\partial V} \cdot \mathfrak{V} + \mathfrak{L}_v = \mathfrak{L}.$$

Dabei ist $T \cdot \frac{\partial S}{\partial V}$ die latente Volumwärme nach Seite 79 und $\mathfrak{V}$ die Reaktionsvolumänderung. Die dritte Gleichung aus dem F-Stammbaum liefert $\frac{\partial S}{\partial V} = \frac{\partial p}{\partial T}$. Also folgt

$$T \cdot \frac{\partial p}{\partial T} \cdot \mathfrak{V} + \mathfrak{L}_v = \mathfrak{L}.$$

Der gleiche Zusammenhang gilt für $\mathfrak{U}$ und $\mathfrak{H}$

$$\boxed{\mathfrak{H} = \mathfrak{U} + T \cdot \frac{\partial p}{\partial T} \cdot \mathfrak{V}}\,.$$

Diese Gleichung, sowie auch $\mathfrak{U} = \mathfrak{A} + \mathfrak{L}_v$ und $\mathfrak{H} = \mathfrak{A} + \mathfrak{L}$ gelten für alle Reaktionen, also auch heterogene.

Vereinfachungen ergeben sich jedoch für den Fall, daß die *Reaktion zwischen idealen Gasen* stattfindet. Dann nämlich ist wegen $p.V = nRT$

$$T \cdot \frac{\partial p}{\partial T} = p,$$

und wir können ferner die Reaktionsvolumänderung $\mathfrak{V}$ einfach berechnen. Da 1 Mol jedes beliebigen idealen Gases bei konstantem p und T das gleiche Volumen V_M einnimmt, läßt sich $\mathfrak{V}$ mittels der Reaktionsformel

$$\nu_1 A + \nu_2 B + \ldots \rightarrow \nu_3 C + \nu_4 D + \ldots$$

angeben. Im Beispiel

$$N_2 + 3\ H_2 \rightarrow 2\ NH_3$$

entstehen bei einem Formelumsatz aus 4 Molen Ausgangsgas 2 Mole Endgas. Die Volumänderung pro Formelumsatz ist also $-2\ V_M$. In der allgemeinen Reaktionsformel ist das -2 zu ersetzen durch $\Sigma\nu_i$ (Festsetzungen über die ν_i siehe Seite 31). Daher folgt mit $p\ V_M \equiv RT$

$$\mathfrak{H} = \mathfrak{U} + RT.\Sigma\nu_i \quad \text{(für Gasreaktionen)}$$

und auch

$$\mathfrak{L} = \mathfrak{L}_v + RT \cdot \Sigma\nu_i\,.$$

76. Heßscher Satz

Auf Grund des I. Hauptsatzes muß es hinsichtlich des Energieumsatzes $\mathfrak{U}$ gleichgültig sein, auf welchem Wege man eine Reaktion durchführt, da $\mathfrak{U}$ eine Zustandsfunktion ist. Dies gilt für $dV = dT = 0$. Falls man bei konstantem Druck arbeitet, gilt die gleiche Überlegung für die Enthalpie H, also auch für die Reaktionsenthalpie $\mathfrak{H}$. Dieser Satz wurde schon 1840 von Hess gefunden und wird häufig als *Gesetz von den konstanten Wärmesummen* bezeichnet. Beispielsweise kann man eine wäßrige Ammoniumchloridlösung aus Ammoniakgas, Chlorwasserstoffgas und Wasser dadurch herstellen, daß man einmal NH_3 und HCl im Gaszustand reagieren läßt und das entstehende NH_4Cl in Wasser auflöst, oder indem man erst beide Gase getrennt in Wasser löst und die Lösungen dann vermischt.

Die Enthalpieänderung des Systems muß bei beiden Wegen die gleiche sein. Für das angegebene Beispiel erhält man experimentell folgende Zahlenwerte:

I.

$$NH_3 + HCl \rightarrow NH_4Cl; \qquad \mathfrak{H}_1 = -42{,}1\ kcal$$
$$NH_4Cl + aq. \rightarrow NH_4Cl \cdot aq.; \qquad \mathfrak{H}_2 = +\ 3{,}9\ kcal.$$

$$NH_3 + HCl + aq. \rightarrow NH_4Cl \cdot aq. \qquad \mathfrak{H} = \Sigma \mathfrak{H}_i = -38{,}2\ kcal$$

II.

$$NH_3 + aq. \rightarrow NH_3 \cdot aq. \qquad \mathfrak{H}_3 = -\ 8{,}4\ kcal$$
$$HCl + aq. \rightarrow HCl \cdot aq. \qquad \mathfrak{H}_4 = -17{,}3\ kcal$$
$$NH_3 \cdot aq. + HCl \cdot aq. \rightarrow NH_4Cl \cdot aq. \qquad \mathfrak{H}_5 = -12{,}3\ kcal$$

$$NH_3 + HCl + aq. \rightarrow NH_4Cl \cdot aq \qquad \mathfrak{H} = \Sigma \mathfrak{H}_i = -38{,}0\ kcal$$

Beide Wege ergeben unter Berücksichtigung der Versuchsfehler für die Bildung der fraglichen Lösung übereinstimmend 38 kcal.

Mit Hilfe des Satzes von den konstanten Wärmesummen gelingt es nun, die Reaktionsenthalpien auch bei solchen Reaktionen anzugeben, die praktisch nicht isoliert durchführbar sind. So kann man zwar leicht und ohne Nebenreaktionen Kohlenstoff zu CO_2 und auch CO zu CO_2 verbrennen. Nicht aber kann man die Reaktion $2\,C + O_2 \rightarrow 2\,CO$ einzeln ablaufen lassen, da neben dieser Reaktion immer auch die weitere $C + O_2 \rightarrow CO_2$ verläuft. Um auch diese Reaktionsenthalpie zu finden, schreibt man zweckmäßig die betreffenden Stoffe und Reaktionen in einen Kreis:

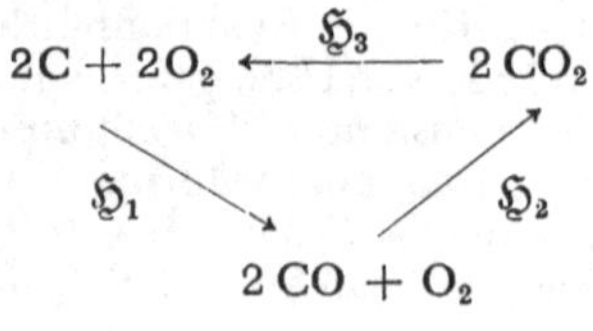

$\mathfrak{H}_1$ ist die Reaktionsenthalpie für die Bildung von 2 Molen CO aus C und O_2. $\mathfrak{H}_2$ ist diejenige zur Bildung von 2 CO_2 aus 2 CO + O_2, während $\mathfrak{H}_3$ den Z e r f a l l von 2 CO_2 in Kohlenstoff und Sauerstoff darstellt. Wegen des Satzes von der Erhaltung der Energie (I. Hauptsatz) folgt dann

$$\mathfrak{H}_1 + \mathfrak{H}_2 + \mathfrak{H}_3 = 0 .$$

Bei 25° und 1 Atm. Druck beobachtet man

$$\mathfrak{H}_2 = -136{,}20\ kcal$$
$$\mathfrak{H}_3 = +188{,}50\ kcal.$$

also ergibt sich

$$\mathfrak{H}_1 = -\mathfrak{H}_2 - \mathfrak{H}_3 = +136{,}20 - 188{,}50 = -52{,}30\,[kcal].$$

Für die Bildung von 1 Mol CO aus den Elementen bei 25° und 1 Atm. folgt daher

$$\mathfrak{H}_{CO} = -26{,}15\ kcal.$$

77. Bildungswärmen

Der Heßsche Satz ergibt die Möglichkeit, die Tabellen für Reaktionsenthalpien wesentlich zu vereinfachen. Es genügt nämlich, die $\mathfrak{H}$-Werte für die Bildungsreaktionen aller Verbindungen a u s d e n E l e m e n t e n, die als *Bildungsenthalpien* $\mathfrak{H}^\circ$ bezeichnet werden, zu tabellieren. Die Bildungsenthalpie $\mathfrak{H}$ einer beliebigen Reaktion

(27) $$\nu_1 A + \nu_2 B + \ldots \longrightarrow \nu_3 C + \nu_4 D + \ldots$$

ergibt sich dann als $\boxed{\mathfrak{H} = \Sigma\, \nu_i \mathfrak{H}_i^\circ}$,

wo $\mathfrak{H}_i^\circ$ die Bildungsenthalpie des i-ten Stoffes bedeutet und ν_i die Äquivalentzahlen der Reaktionsformel bedeuten.

Als Beispiel berechnen wir für die Reaktion

$$(CH_3)_2CO_{flüss.} + 4\,O_{2\,gas} \longrightarrow 3\,CO_{2\,gas} + 3\,HOH_{flüss.}$$

als Reaktionsenthalpie

$$\mathfrak{H} = \mathfrak{H}^\circ_{(CH_3)_2CO} + 3\,\mathfrak{H}^\circ_{CO_2} + 3\,\mathfrak{H}^\circ_{HOH}.$$

Man findet aus Tabellen bei 25° und 1 Atm.

$$\left.\begin{array}{ll}\mathfrak{H}_{(CH_3)_2CO} & = -57{,}3\\ \mathfrak{H}_{CO_2} & = -94{,}25\\ \mathfrak{H}_{HOH} & = -68{,}330\end{array}\right\}\ \mathfrak{H} = -430{,}44\ [\mathrm{kcal}].$$

78. Verbrennungswärmen

Für organische Stoffe gibt man meist nicht die Bildungsenthalpie an, sondern die Verbrennungswärme (bei konstanten Volumen!), das ist also die Reaktionswärme, die frei wird, wenn die aus Kohlenstoff, Wasserstoff und Sauerstoff zusammengesetzte Verbindung vollständig zu CO_2 und HOH in der kalorimetrischen Bombe verbrannt wird. Zur Umrechnung dieser Verbrennungswärmen auf Bildungsenthalpien muß die Bildungsenthalpie des CO_2 und des HOH bekannt sein.

Beispiel: *Benzoesäure.* Gemessen wird in der kalorimetrischen Bombe die Reaktionsenergie $\mathfrak{U}_V$ (bei konstantem Volumen) der Reaktion

$$C_6H_5COOH_{fest} + 7\tfrac{1}{2}\ O_2 \longrightarrow 7\ CO_2 + 3\ HOH_{fl}$$

Sie hat den Wert $\mathfrak{U}_V = -771{,}8$ kcal. Um die Bildungsenthalpie $\mathfrak{H}^\circ_{C_6H_5COOH}$ berechnen zu können, muß $\mathfrak{U}_V$ zunächst auf konstanten Druck umgerechnet werden. Nach S. 123 ist

$$\mathfrak{H}_V = \mathfrak{U}_V + RT.\Sigma\nu_i\,,$$

wobei als ν_i nur die gasförmigen Stoffe der Reaktionsformel berücksichtigt zu werden brauchen, da die übrigen Volumina demgegenüber vernachlässigt werden können. In unserem Fall ist $\Sigma\nu_i = -\frac{1}{2}$, also $\mathfrak{H}_V = -771{,}8 - 0{,}295 = -772{,}095$. Nach S. 125 ist

$$\mathfrak{H}_V = -\mathfrak{H}^\circ_{C_6H_5COOH_{fest}} + 7\,\mathfrak{H}^\circ_{CO_2} + 3\,\mathfrak{H}^\circ_{HOH_{fl}}\,.$$

denn $\mathfrak{H}^\circ_{O_2}$ ist definitionsgemäß gleich Null. Mit den Tabellenwerten (bei 25° C und 1 Atm. Druck) für $\mathfrak{H}^\circ_{CO_2} = -94{,}03$ kcal und $\mathfrak{H}^\circ_{HOH,\,fl} = -68{,}318$ kcal folgt dann

$$\mathfrak{H}^\circ_{C_6H_5COOH,\,fest} = -\mathfrak{H}_V + 7\,\mathfrak{H}^\circ_{CO_2} + 3\,\mathfrak{H}^\circ_{HOH,\,fl}$$

$$= +772{,}095 - 658{,}21 - 204{,}954 = -91{,}069 \text{ kcal}$$

$$= -\ 91{,}07 \text{ kcal}.$$

(Eine Umrechnung von $\mathfrak{U}_V$ von dem im Experiment meist angewandten Druck von etwa 20 Atm. auf den Standard-Druck von 1 Atm. erübrigt sich wegen S. 129, Absatz 3).

79. Lösungs- und Verdünnungswärmen

Bei Auflösung von Stoffen wird infolge der Änderung des molekularen Verteilungszustandes und der umgebenden Kraftfelder ebenfalls Energie umgesetzt; und zwar nennt man die bei Herstellung einer Lösung aus den Komponenten auftretende Wärmetönung „integrale Lösungswärme" (meist bezogen auf eine Lösungsmenge, die 1 Mol Gelöstes enthält), während als „differentielle Verdünnungswärme" die Wärmemenge bezeichnet wird, die bei Verdünnung einer großen Menge Lösung gegebener Konzentration mit 1 Mol Lösungsmittel frei wird. „Ganze Lösungswärme" heißt die Wärmemenge, die bei Herstellung einer solchen Menge *gesättigter* Lösung frei wird, welche 1 Mol Gelöstes enthält. Ferner versteht man unter „Mischungswärme" diejenige Wärmemenge, die bei Herstellung eines Mols Gemisch (z. B. 0,9 Mol Lösungsmittel + 0,1 Mol Gelöstes) in Freiheit gesetzt wird.

Die Zahlenwerte dieser Lösungswärmen sind außer von der Natur der beteiligten Stoffe von der Konzentration der Lösung abhängig. Eine befriedigende Theorie, welche die Mischungswärmen aus den Eigenschaften der reinen Stoffe berechnen läßt, gibt es bis jetzt nur für einfache Idealfälle.

80. Temperaturabhängigkeit der Reaktionswärmen
(Kirchhoffscher Satz)

Für die Veränderlichkeit der Reaktionsenthalpie $\mathfrak{H}$ mit der Temperatur läßt sich sehr leicht mittels der auf Seite 87 abgeleiteten Beziehung

$$C_p = \left(\frac{\partial H}{\partial T}\right)_{p,\lambda}$$

eine Formel finden, wenn man beide Seiten dieser Gleichung nach λ differenziert und dann rechts die Reihenfolge der Differentiation vertauscht. Es folgt

$$\text{(28)} \qquad \frac{\partial C_p}{\partial \lambda} = \frac{\partial^2 H}{\partial T \cdot \partial \lambda} = \frac{\partial^2 H}{\partial \lambda \cdot \partial T} = \frac{\partial \mathfrak{H}}{\partial T}.$$

Der Temperaturkoeffizient der Reaktionsenthalpie ist also *gleich der Änderung der Wärmekapazität bei einem Formelumsatz.*

Wenn die Reaktion eine *Gasreaktion* ist, dann setzt sich C_p additiv aus den spezifischen Wärmen der einzelnen Stoffe zusammen, und die Änderung der Wärmekapazität des Systems bei einem Formelumsatz läßt sich mittels der Äquivalentzahlen ν_i der allgemeinen Reaktionsformel als Summe darstellen

$$\frac{\partial C_p}{\partial \lambda} = \sum \nu_i c^\circ_{p_i} .$$

Hier sind die c°_{pi} die spezifischen Wärmen der vermischten Stoffe.

Liegen keine Gasmischungen vor, so müssen die oben definierten partiellen spezifischen Wärmen $\overline{c_{pi}}$ an die Stelle der c°_{pi} treten.

Für Reaktionen bei konstantem Volumen gilt die ganz analoge Beziehung

$$\frac{\partial C_v}{\partial \lambda} = \frac{\partial \mathfrak{U}}{\partial T},$$

wie man nach den Ausführungen auf Seite 85/86 unschwer selbst ableiten kann.

Diese Formeln erlauben die Umrechnung der Reaktionswärmen von einer Meßtemperatur auf andere Temperaturen, falls die Temperaturabhängigkeit der Wärmekapazitäten bekannt ist. Eine Integration der Gleichung (28) ergibt nämlich

$$\mathfrak{H}_T = \mathfrak{H}_o + \int_{T_o}^{T} \Sigma \nu_i \overline{c_{pi}} \, dT$$

oder

$$\boxed{\mathfrak{H}_T = \mathfrak{H}_o + \sum \nu_i \cdot \int_{T_o}^{T} \overline{c_{pi}} \, dT} .$$

81. Druckabhängigkeit der Reaktionswärmen

Eine allgemeine Formel hierfür erhält man aus dem G-Stammbaum in der „III. Generation" durch Gleichsetzen von (p, λ, T) und (T, λ, p). Dies ergibt eine Gleichung für die Druckabhängigkeit der Reaktionsentropie

$$\frac{\partial \mathfrak{S}}{\partial p} = -\frac{\partial \mathfrak{V}}{\partial T}.$$

Differenziert man weiter die Beziehung von Seite 87

$$\mathfrak{H} = \mathfrak{A} + T \cdot \mathfrak{S}$$

nach p, so folgt

$$\frac{\partial \mathfrak{H}}{\partial p} = \frac{\partial \mathfrak{A}}{\partial p} + T \cdot \frac{\partial \mathfrak{S}}{\partial p}.$$

Auf Grund der Gleichheit von (p, λ) und (λ, p) in der II. Generation folgt $\frac{\partial \mathfrak{A}}{\partial p} = \mathfrak{V}$, also durch Einsetzen:

$$\frac{\partial \mathfrak{H}}{\partial p} = \mathfrak{V} - T \cdot \frac{\partial \mathfrak{V}}{\partial T}.$$

Die rechte Seite läßt sich vereinfachen, wenn man beachtet, daß nach den Regeln der Differentialrechnung

$$\frac{\partial}{\partial T}\left(\frac{\mathfrak{V}}{T}\right) = \frac{T \cdot \frac{\partial \mathfrak{V}}{\partial T} - \mathfrak{V}}{T^2}.$$

ist. Also folgt schließlich

$$\boxed{\frac{\partial \mathfrak{H}}{\partial p} = -T^2 \cdot \frac{\partial}{\partial T}\left(\frac{\mathfrak{V}}{T}\right)}.$$

Für Reaktionen zwischen *idealen Gasen* folgt daraus sofort, daß $\mathfrak{H}$ *unabhängig vom Druck* ist, weil die Volumänderung $\mathfrak{V}$ der Reaktion gegeben ist zu $\mathfrak{V} = \Sigma \nu_i \cdot v_i$, wo die v_i die Molvolumina der einzelnen Gase bedeuten. Bildet man also $\frac{\mathfrak{V}}{T}$, so ist $\frac{v}{T}$ aus der idealen Gasgleichung durch $\frac{R}{p}$ ersetzbar. Dieser Ausdruck hängt aber nicht von T ab, weswegen die rechte Seite der obigen Gleichung gleich Null wird.

82. Temperaturabhängigkeit der Reaktionsarbeit

Die Reaktionsarbeit kann man ebenfalls leicht auf verschiedene Temperaturen umrechnen, wenn man die Gibbs-Helmholtzsche Gleichung in der Form

$$\frac{\partial}{\partial T}\left[\frac{\mathfrak{A}}{T}\right] = -\frac{\mathfrak{H}}{T^2}$$

zwischen zwei Temperaturen T_0 und T integriert. Es folgt

$$\frac{\mathfrak{A}_T}{T} - \frac{\mathfrak{A}_{T_0}}{T_0} = -\int_{T_0}^{T} \frac{\mathfrak{H}}{T^2}\, dT.$$

Zur Ausführung des rechten Integrals muß man $\mathfrak{H}$ in seiner Temperaturabhängigkeit kennen. Es war (Seite 128)

$$\mathfrak{H}_T = \mathfrak{H}_{T_0} + \sum \nu_i \cdot \int_{T_0}^{T} \overline{c}_{p_i}\, dT.$$

Also ergibt sich

$$\frac{\mathfrak{A}_T}{T} - \frac{\mathfrak{A}_{T_0}}{T_0} = -\int_{T_0}^{T} \frac{\mathfrak{H}_{T_0}}{T^2}\, dT - \sum \nu_i \int_{T_0}^{T} \frac{\int_{T_0}^{T} \overline{c}_{p_i}\, dT}{T^2}\, dT.$$

Das erste Integral ist, da $\mathfrak{H}_{T_0}$ eine Konstante ist, gleich

$$\mathfrak{H}_{T_0} \cdot \left(-\frac{1}{T} + \frac{1}{T_0}\right).$$

Also folgt nach Umordnen und durch Beachten der Identität $-T_0 \cdot \mathfrak{S}_{T_0} = \mathfrak{A}_{T_0} - \mathfrak{H}_{T_0}$ (s. Seite 87):

$$\mathfrak{A}_T = \mathfrak{H}_{T_0} - T \cdot \mathfrak{S}_{T_0} - T \cdot \sum \nu_i \int_{T_0}^{T} \frac{\int_{T_0}^{T} \overline{c}_{p_i}\, dT}{T^2}\, dT. \tag{29}$$

Für das letzte Integral gibt es noch eine Reihe anderer, mathematisch äquivalenter Ausdrücke. Wesentlich ist, daß man für die Berechnung einer Reaktionsarbeit bei einer beliebigen Temperatur folgende Messungen (oder Tabellenangaben) benötigt:

entweder: einen $\mathfrak{H}$-Wert, einen $\mathfrak{S}$-Wert und die spezifischen Wärmen *jedes* Reaktionspartners über den ganzen Temperaturbereich

oder: einen $\mathfrak{H}$-Wert und einen $\mathfrak{A}$-Wert bei derselben Temperatur T_0 sowie wiederum die spezifischen Wärmen.

In den Tabellenwerken sind meist $\mathfrak{H}$- und $\mathfrak{S}$-Werte für die Bildung der reagierenden Verbindungen aus den Elementen bei 25° C und 1 Atm. Druck tabelliert. Aus diesen *Standard*-Bildungsenthalpien und -entropien sind dann alle gewünschten $\mathfrak{H}$- und $\mathfrak{S}$-Werte für beliebige Reaktionen nach dem Heßschen Satz zusammensetzbar, falls ideale Gase oder Mischungen reagieren.

83. Ulichs Näherungsformeln

Da die c_{pi} in ihrer Temperaturabhängigkeit häufig doch nicht für alle Reaktionsteilnehmer bekannt sind, muß man sich meist mit Vereinfachungen begnügen.

I. Man nimmt an, daß $\Sigma\, \nu_i\, c_{pi} = 0$ ist. Dann fällt das letzte Glied der obigen Gleichung fort, und es bleibt

$$\mathfrak{A}_T = \mathfrak{H}_{T_0} - T \cdot \mathfrak{S}_{T_0}.$$

II. Man setzt $\Sigma\, \nu_i\, c_{pi} = a$, wo a eine Konstante bedeutet. Ausführung der Integration ergibt dann

$$\mathfrak{A}_T = \mathfrak{H}_{T_0} - T \cdot \mathfrak{S}_{T_0} - a \cdot T \cdot \left(ln \frac{T}{T_0} + \frac{T_0}{T} - 1 \right).$$

III. Man kann ferner noch die Konstante a in einzelnen T-Bereichen des zu überstreichenden Umrechnungsabschnitts von T_0 bis T den Meßergebnissen anpassen und die Berechnung von $\mathfrak{A}_T$ mit stückweise verschiedenen Konstanten durchführen.

84. Die Druckabhängigkeit der Reaktionsarbeit

Die Druckabhängigkeit der Reaktionsarbeit muß ebenfalls berücksichtigt werden. Sie ist aus der Formel (G-Stammbaum, II. Generation) $\frac{\partial \mathfrak{A}}{\partial p} = \mathfrak{V}$ und deren Integration

$$\mathfrak{A}_p = \mathfrak{A}_{p_0} + \int_{p_0}^{p} \mathfrak{V} \cdot dp$$

sofort erhältlich.

Zusammen mit der Formel (29), S. 130, ergibt sich also für $\mathfrak{A}$ bei beliebigen Drucken und Temperaturen:

$$\mathfrak{A}_{p,T} = \mathfrak{H}_{p_0 T_0} - T \cdot \mathfrak{S}_{p_0 T_0} - T \cdot \sum \nu_i \cdot \int_{T_0}^{T} \frac{\int_{T_0}^{T} \bar{c}_{p_i}\, dT}{T^2} \cdot dT + \int_{p_0}^{p} \mathfrak{V} \cdot dp$$

Im Fall von Reaktionen zwischen idealen Gasen ist $\mathfrak{V} = \Sigma\, \nu_i\, v_i$ auswertbar mit der Gasgleichung $pv_i = RT$, und es folgt

$$\int_{p_0}^{p} \mathfrak{V}\, dp = RT \cdot \Sigma\, \nu_i \cdot \int_{p_0}^{p} \frac{dp}{p} = RT \cdot \Sigma\, \nu_i \cdot ln \frac{p}{p_0}.$$

Im Beispiel der Reaktion $N_2 + 3H_2 \rightarrow 2NH_3$ ist $\Sigma \nu_i = -2$. Wählt man $p > p_0$, betrachtet also die Reaktion bei höherem Druck, so wird $\int \mathfrak{V} \cdot dp = -2\, RT \cdot ln\; p/p_0$, also negativ. Das bedeutet, $\mathfrak{A}_p$ ist negativer als $\mathfrak{A}_{p_0}$, d. h. die Reaktion besitzt eine höhere Triebkraft bei höherem Druck. Dies entspricht dem *Prinzip des kleinsten Zwanges*, denn das Minuszeichen rührt von der Verminderung der Molzahl durch den Reaktionsablauf her.

85. Grund- und Resteffekte

Die Vielfalt der Möglichkeiten, die durch die Konzentrationsabhängigkeit von $\mathfrak{A}$ gegeben sind und die noch durch T- und p-Abhängigkeit überlagert sind, zwingt zu einer rationellen Aufteilung dieser Abhängigkeiten. Man wählt (nach SCHOTTKY) zweckmäßig bei jeder Reaktion einen Grundzustand der Reaktionsteilnehmer, von dem aus sie eine sogenannte *Grundreaktion* ausführen. Liegen einige oder alle reagierenden Stoffe in anderen als diesen Grundzuständen vor, so braucht man sie nur in diese Grundzustände zu überführen und dann die Grundreaktion ablaufen zu lassen. Die Produkte der Reaktion müssen dann wieder aus den Grundzuständen in den gewünschten (beliebigen) Zustand befördert werden. Die für jeden Reaktionspartner hierzu pro Mol nötigen Energieänderungen heißen *Resteffekte*, im Fall der Reaktionsarbeit also Restarbeiten. Resteffekte werden mit *kleinen* Frakturbuchstaben, Grundreaktions-Effekte mit *fetten* Frakturbuchstaben gekennzeichnet (z. B. $\mathfrak{a}_1 \equiv$ molare Restreaktionsarbeit für den Stoff 1, $\mathfrak{H} \equiv$ Grundreaktions-Enthalpie).

Die gesamte Reaktionsarbeit $\mathfrak{A}$ setzt sich dann zusammen

(30) $$\mathfrak{A} = \boldsymbol{\mathfrak{A}} + \Sigma \nu_i \, \mathfrak{a}_i \, .$$

Analoges gilt für die übrigen Reaktionseffekte $\mathfrak{H}$, $\mathfrak{V}$, $\mathfrak{S}$, $\mathfrak{U}$.

Im Beispiel der Reaktion $N_2 + 3H_2 \longrightarrow 2\,NH_3$, deren Reaktionsarbeit für eine bestimmte Reaktionsmischung berechnet werden soll, finden wir für die Einzelschritte

1) $N_{2misch.} \longrightarrow N_{2grund}$; $-\mathfrak{a}_{N_2}$

2) $3H_{2misch.} \longrightarrow 3H_{2grund}$; $-3 \cdot \mathfrak{a}_{H_2}$

3) Reaktion in den Grundzuständen ; $\boldsymbol{\mathfrak{A}}$

4) $2NH_{3grund} \longrightarrow 2NH_{3misch.}$; $+2\mathfrak{a}_{NH_3}$

also:

$$\mathfrak{A} = \boldsymbol{\mathfrak{A}} - \mathfrak{a}_{N_2} - 3\mathfrak{a}_{H_2} + 2\mathfrak{a}_{NH_3} .$$

Als *Grundzustände* wählt man im Fall von Gasen gern den reinen Zustand der Gase bei dem Druck p und derjenigen Temperatur T, unter denen die Gesamtmischung gerade steht. Man rechnet also so, daß die reinen getrennten Ausgangsstoffe beim Druck p miteinander derart reagieren, daß die Endprodukte im getrennten Zustand wieder je den Druck p haben. Die Temperatur soll für alle Stoffe anfänglich und nach der Reaktion gleich T sein. Die Grundreaktion läuft also bei konstantem Druck und isotherm ab.

Die Grundreaktionsarbeit $\boldsymbol{\mathfrak{A}}$ wird sofort berechenbar, wenn wir einmal annehmen, daß unser Ausgangsgemisch zufällig die Gleichgewichtskonzentrationen enthält. Dann ist nämlich die Reaktionsarbeit $\mathfrak{A}$ gleich Null, und es folgt aus Gleichung (30)

(31) $$\boldsymbol{\mathfrak{A}} = - \Sigma \nu_i \mathfrak{a}'_i \, ,$$

wo der Strich bei den $\mathfrak{a}_i$ andeuten soll, daß die Restarbeiten zwischen den G l e i c h g e w i c h t s konzentrationen der Grundzustände zu berechnen sind. Für gegebene p und T sind die $\mathfrak{a}'_i$ feste Zahlen. Daher enthält $\boldsymbol{\mathfrak{A}}$ keine Konzentrationsabhängigkeiten, sondern ist durch p und T völlig bestimmt. Dies eben war der Zweck der Einführung der Grundeffekte. Alle Konzentrationsabhängigkeit ist a l l e i n in den Restarbeiten enthalten, die ihrerseits natürlich auch von p und T abhängen. Mit den $\mathfrak{a}'_i$ kann man auch schreiben:

$$\mathfrak{A} = \Sigma \nu_i \mathfrak{a}_i - \Sigma \nu_i \mathfrak{a}'_i .$$

In den einfachen Fällen der idealen Gase (und idealen Mischungen) kann man die Restarbeiten angeben. Ist p_i der Partialdruck des i-ten Gases in der Reaktionsmischung und p der Druck des Grundzustandes, so ist

$$(32)\qquad \mathfrak{a}_i = -\int_{RT/p}^{RT/p_i} p \cdot dV = RT \cdot ln \frac{p_i}{p}.$$

Von dieser Formel aus sind alle möglichen Konzentrationsmaße leicht einführbar (s. S. 104).

Aus Gl. (31) findet man

$$\mathfrak{A} = - RT \cdot ln \prod x_i'^{\nu_i},$$

wo $x_i' = \frac{p_i'}{p}$ den Molbruch im Gleichgewichtszustand bedeutet und Π als Produktzeichen (ähnlich dem Σ für eine Summe) dient. Das Produkt $\Pi x_i'^{\nu_i}$ kennen wir schon unter dem Namen *Gleichgewichtskonstante* $K_x \equiv \Pi x_i'^{\nu_i}$, die also mit der Grundreaktionsarbeit durch die Definitionsgleichung

$$\boxed{\mathfrak{A} \equiv - RT \cdot ln\, K_x}$$

verknüpft ist. Da im Gleichgewicht gilt $\mathfrak{A} = -\Sigma \nu_i\, \mathfrak{a}'_i$, folgt allgemein für $\mathfrak{A} = \Sigma\, \nu_i\, \mathfrak{a}_i - \Sigma \nu_i\, \mathfrak{a}'_i$

oder
$$\mathfrak{A} = \Sigma\, \nu_i (\mathfrak{a}_i - \mathfrak{a}'_i).$$

Für jeden Reaktionseffekt ist außerdem eine Zerlegung in partielle molare Größen des reagierenden Systems möglich. Die Reaktionsarbeit $\mathfrak{A}$ speziell zerfällt in die chemischen Potentiale der einzelnen Stoffe (vgl. S. 96)

$$\mathfrak{A} = \Sigma\, \nu_i\, \mu_i.$$

Daher muß gelten $\mathfrak{a}_i - \mathfrak{a}'_i = \mu_i$.

Mit $\mathfrak{a}_i = RT\, ln \frac{p_i}{p}$ $\left[p = \text{Druck der Grundphase; meist} = 1\right]$

$$\mathfrak{a}'_i = RT \cdot ln \left(p'_i / p\right)$$

folgt also

$$(33) \qquad \mu_i = RT \cdot \left(ln \frac{p_i}{p} - ln \frac{p'_i}{p} \right)$$

$$\mu_i = RT \cdot ln \frac{p_i}{p'_i}.$$

Die chemischen Potentiale sind also nichts anderes als die Arbeitsbeträge, die positiv aufzuwenden sind, um den Stoff i von seinem Gleichgewichtsdruck p'_i auf den Druck p_i im wirklichen Reaktionsgemisch zu bringen.

Im Fall von Lösungsreaktionen ist p als Konzentrationsmaß unanschaulich, man ersetzt es besser durch eine andere Konzentrationsangabe, wie c oder x (s. S. 104).

Aus Gleichung (33) ergibt sich zwanglos eine Aufteilung auch der chemischen Potentiale in Grundpotential $\boldsymbol{\mu}_i$ und Restpotential. Bezeichnet p in der Gleichung (33) den Druck der Standardphase, in der die Grundreaktion ablaufend gedacht wird ($p=1$ für Gase, oder $c=1$ für Lösungsphasen), so ist der Ausdruck

$$- RT \cdot ln \frac{p'_i}{p} = - RT \cdot ln\, p'_i \equiv \boldsymbol{\mu}_i$$

als Grund-μ zu definieren und stellt wegen der festen Werte der Gleichgewichtskonzentrationen p'_i eine Konstante dar, während das Rest-μ gleich $\mathfrak{a}_i$ wird

$$RT \cdot ln\, p_i \equiv \mathfrak{a}_i \quad \text{(wegen Gl. 32)}$$

$$\boxed{\mu_i = \mathfrak{a}_i + \boldsymbol{\mu}_i}$$

$$\mathfrak{a}_i = \mu_i - \boldsymbol{\mu}_i .$$

Da im Fall idealer Mischungen $\mathfrak{a} = RT \cdot ln\, p_i$ ist, folgt

$$\mu_i = \boldsymbol{\mu}_i + RT \cdot ln\, p_i .$$

Nach der Gleichung (32), S. 134, ist die Restarbeit $\mathfrak{a}_i = RT \cdot ln x_i$ oder bei Wahl der Grundzustände mit $c = 1$ [Mol/Ltr.]

$$\mathfrak{a}_i = RT \cdot ln\, c_i$$

oder mit Grundzuständen, die $p = 1$ [Atm] (bei idealen Gasmischungen) haben,

$$\mathfrak{a}_i = RT \cdot ln\, p_i.$$

Dies gilt jedoch nur für die Fälle, in denen die ideale Gasgleichung $pV = nRT$ anwendbar ist. In allen anderen Fällen, also in Mischungen realer Gase oder realen flüssigen bzw. festen Mischungen, könnte man über a_i keine Aussagen machen. Deswegen faßt man reale Verhältnisse als Abweichungen von diesem Idealzustand auf und behält wenigstens die obige Form der Restarbeit bei. Allerdings muß dann an die Stelle der v_i, p_i, c_i, eine andere Größe treten, die man als Aktivität a_i bezeichnet. Sie hängt durch Definition

$$a_i \equiv f_i \cdot x_i \; ; \; a_i \equiv f_i \cdot c_i \; ; \; a_i \equiv f_i \cdot p_i$$

mit den Einwaage-Konzentrationen zusammen. Der Faktor f_i heißt der *Aktivitätskoeffizient*. Er ist ebenso wie die Aktivität erst definiert, wenn das Konzentrationsmaß vorgeschrieben ist.

Allgemein gilt also

Grundarbeit $$\boxed{\mathfrak{A} = RT \cdot ln \prod a_i^{\nu_i}}$$

Thermodyn. MWG-Konstante $$\boxed{K_a = \prod a_i^{\nu_i} = a_1^{\nu_1} \cdot a_2^{\nu_2} \cdot a_3^{\nu_3} \cdot \ldots}$$

$$\boxed{\mu_i = \mu_i + RT \cdot ln\, a_i}\, .$$

86. T-Abhängigkeit der MWG-Konstanten

Eine solche Formel können wir sehr einfach angeben, da K mit der Reaktionsarbeit $\mathfrak{A}$ nach den Gleichungen (30, 31, 32) durch die Beziehung

$$\mathfrak{A} = RT \cdot \left[ln \prod a_i^{\nu_i} - ln K_a \right]$$

zusammenhängt (vgl. auch S. 118) und wir für den Temperaturkoeffizienten von $\mathfrak{A}$ schon die Gibbs-Helmholtzsche Gleichung

$$\frac{\partial \mathfrak{A}}{\partial T} = \frac{\mathfrak{U} - \mathfrak{A}}{T} \quad (V, \lambda, T\text{-}System)$$

kennen. Die Ausführung der Differentiation und Einsetzen ergibt

$$\frac{\partial ln\, K_a}{\partial T} = \frac{\mathfrak{U}}{RT^2}\, .$$

Für Reaktionen, die *bei konstantem Druck* ablaufen, gilt

entsprechend

(34) $$\boxed{\left(\frac{\partial \ln K_a}{\partial T}\right)_p = \frac{\mathfrak{H}}{R T^2}}.$$

Die T-Abhängigkeit der Gleichgewichtskonstanten ist also durch die Reaktionsenergie $\mathfrak{U}$ oder -enthalpie $\mathfrak{H}$ gegeben, und zwar wird K mit steigender Temperatur dann größer, wenn $\mathfrak{H}$ positiv ist. Das bedeutet aber endothermen Ablauf der Reaktion, d. h. das System nimmt Energie auf. Wachsendes K bedeutet ferner Verschiebung des Gleichgewichts zugunsten derjenigen Stoffe, die sich unter Energieaufnahme bilden. Das System weicht also der durch die Steigerung der Temperatur bedingten Energiezufuhr aus, indem es Energie zur Umwandlung von Molekülen benutzt. Es weicht dem äußeren Zwang aus (Prinzip von LE CHATELIER).

87. Ermittlung von Entropiewerten

Die zur Berechnung von Gleichgewichtskonstanten und Reaktionsarbeiten nötigen Werte der Reaktionsenthalpie kann man direkt im Kalorimeter ermitteln. Für die Bestimmung von Entropiewerten schließen wir an die Formulierung des II. Hauptsatzes an $dS = \frac{\delta Q}{T}$, die integriert ergibt

$$S_T - S_{T_0} = \int_{T_0}^{T} \frac{\delta Q}{T}.$$

Für Vorgänge bei konstantem Druck und konstantem λ (also fehlender Reaktion) gilt

$$\left(\frac{\delta Q}{dT}\right)_{p,\lambda} \equiv c_p,$$

also kann man ersetzen $\delta Q = c_p \cdot dT$. Daher folgt

$$S_T - S_{T_0} = \int_{T_0}^{T} \frac{c_p}{T}\, dT.$$

Also muß c_p im ganzen Bereich von T_0 bis T bekannt sein. Ferner ist es auf Grund der Boltzmannschen Beziehung $S = k \cdot \ln P$ möglich, einen Nullpunkt der Entropiezählung anzugeben, nämlich als Zustand, in welchem nur eine Realisierungsmöglichkeit ($P = 1$) existiert. Nach Nernst ist dies ein völlig geordneter, fehlerloser Kristall beim absoluten Nullpunkt. Wegen des völligen Einfrierens der Schwingungen gibt es dann nur eine Realisierungsmöglichkeit. Daher kann man $S_{T_0} = 0$ setzen, und muß dann auch im Integral $T_0 = 0$ setzen:

$$S_T = \int_0^T \frac{c_p}{T} dT .$$

Dies gilt aber nur so weit, wie die Phase des festen Körpers erhalten bleibt. Bei einem Übergang vom festen zum flüssigen Zustand tritt o h n e T-Änderung eine Aufnahme von Wärme (Schmelzwärme) durch das System ein. Diese Entropievermehrung ist also auch zu beachten. Das gleiche gilt, wenn eine feste Modifikation sich in eine andere feste Modifikation umwandelt, da auch solche Umwandlungen Wärmeaustausch bedingen. Allgemein wird also die Entropie eines Stoffes

$$S_T = \int_0^{T_F} \frac{c_p}{T} dT + \frac{q_F}{T_F} + \int_{T_F}^{T_K} \frac{c_p}{T} dT + \frac{q_K}{T_K} + \int_{T_K}^{T} \frac{c_p}{T} dT ,$$

wenn der Index F den Schmelzpunkt, K den Siedepunkt bezeichnet und q_F, q_K die Schmelz- bzw. Verdampfungswärme bedeutet. Für $T = 298{,}15°$ K gelten die Angaben der „Normalentropien“ in den meisten Tabellen. Aus diesen ist nach $\mathfrak{S} = \sum \nu_i \mathfrak{S}_i^\circ$ für Reaktionen zwischen „reinen“ Stoffen (z. B. $CaCO_3 \rightarrow CO_2 + CaO$) und in idealer Mischung zu entnehmen. Bei Gasmolekülen hat man in deren Spektren ein sehr exaktes Mittel, die Realisierungsmöglichkeiten abzuzählen und so direkt die Normalentropie zu ermitteln, ohne daß man c_p zu messen braucht. Diese Möglichkeit wird in der Statistischen Thermodynamik eingehend behandelt.

SACHREGISTER

(vgl. auch das ausführliche Inhaltsverzeichnis)

Vom gleichen Autor erschien:

Allgemeine und physikalische Chemie

von Werner Schulze. 2 Bände

Band II:

5., verbesserte Auflage, 178 Seiten mit 37 Figuren. 1961. DM 5,80

(Sammlung Göschen Band 698/698a)

„In dem vorliegenden Band der Göschen-Serie, die ein ausgezeichnetes Repetitorium darstellt, wird die Lehre der physikalischen Chemie, die sich auf alle verwandten Wissenszweige auswirkt und die Grundlagen jeden chemischen Denkens und Arbeitens zum Teil völlig neu gestaltet, in kurzer prägnanter Art zusammengefaßt. Das Buch enthält ein gut gegliedertes Sach- und Inhaltsverzeichnis.“ *Wiener Medizinische Wochenschrift*

Molekülbau

Theoretische Grundlagen und Methoden der Strukturermittlung

von Werner Schulze

Mit 43 Figuren. 123 Seiten. 1958. DM 3,60

(Sammlung Göschen Band 786)

„Es ist bewundernswert, welche Fülle an Material hier in den 123 Seiten eines kleinen Göschenbandes enthalten ist. Jeder Student, der diese in klarer und leicht faßlicher Weise geschriebene Darstellung durcharbeitet, wird einen bleibenden Gewinn für seine Kenntnisse auf dem Gebiet des Molekülbaues erzielen.“

Mikrochimica Acta, Wien

WALTER DE GRUYTER & CO · BERLIN 30

L. BERGMANN — CL. SCHAEFER

Lehrbuch der Experimentalphysik

zum Gebrauch bei akademischen Vorlesungen und zum Selbststudium

3 Bände. Groß-Oktav. Plastikeinband

Band I: **Mechanik, Akustik, Wärmelehre**
6., durchgesehene und verbesserte Auflage.
Mit 650 Abbildungen. XII, 636 Seiten. 1961. DM 36,—

Band II: **Elektrizitätslehre**
4., durchgesehene und verbesserte Auflage.
Mit 659 Abbildungen. VIII, 512 Seiten. 1961. DM 28,—

Band III: **Optik und Atomphysik**
1. Teil: **Wellenoptik**
3., erweiterte und verbesserte Auflage.
Mit 435 Abbildungen und 2 Farbtafeln.
VIII, 470 Seiten. 1962. DM 32,—
2. Teil: **Atomphysik.** In Vorbereitung

„Die gut durchdachte Gliederung und Darstellung dieses Gebietes der Physik soll zunächst hervorgehoben werden. Die Zusammenhänge sind klar herausgearbeitet worden. Außerdem muß auf die vorzüglichen Abbildungen hingewiesen werden, die sorgfältig ausgewählt und in großer Zahl eingefügt worden sind; sie tragen wesentlich zum raschen Verständnis und zur leichteren Einprägsamkeit des Stoffes bei. Es braucht eigentlich nicht besonders betont zu werden, daß dieses ausgezeichnete Lehrbuch dem neuesten Stand der Experimentalphysik angepaßt worden ist. Die Reichhaltigkeit des Bandes wird sehr hohen Ansprüchen gerecht."

Zeitschrift für physikalische Chemie

WALTER DE GRUYTER & CO · BERLIN 30

ARBEITSMETHODEN DER MODERNEN NATURWISSENSCHAFTEN

KÜSTER-THIEL-FISCHBECK

Logarithmische Rechentafeln

für Chemiker, Pharmazeuten, Mediziner und Physiker.

Neubearbeitet von KURT FISCHBECK. 84.—93., verbesserte und vermehrte Auflage. Oktav. XV, 302 Seiten. Mit 1 Mantissentafel. 1962. Plastikeinband DM 16,80

„. . . sind für jeden Chemiker ein feststehender Begriff. Sie sind bei jeder chemischen Arbeit schlechthin unentbehrlich und aus dem Laboratorium nicht mehr wegzudenken." *Chemie für Labor und Betrieb*

ASMUS

Einführung in die höhere Mathematik und ihre Anwendungen

Ein Hilfsbuch für Chemiker, Physiker und andere Naturwissenschaftler.

Von ERIK ASMUS. 4., verbesserte Auflage. Oktav. Mit 184 Abbildungen im Text. XI, 410 Seiten. 1963. Plastikeinband DM 24,—

„Das Buch ist eine wahre Fundgrube! Kein Exempel, keine Aufgabe steht im luftleeren Raum, immer sind sie mit einem praktischen Anwendungsbeispiel verbunden. Wer in die mathematische Behandlung chemischer, physikalischer oder physiko-chemischer Probleme eindringen möchte, dem kann das Buch empfohlen werden." *Der Chemotechniker*

WALTER DE GRUYTER & CO · BERLIN 30

MAX PLANCK

Vorlesungen über Thermodynamik

11. Auflage

erweitert um eine Biographie von MAX PLANCK und ein Kapitel über einige Grundbegriffe aus der Thermodynamik irreversibler Prozesse von MAX PÄSLER

Groß-Oktav. XXXVI, 343 Seiten mit 5 Figuren im Text und einem Bild von Max Planck. 1964. Ganzleinen DM 30,—

Die Thermodynamik von Max Planck ist seit ihrem Erscheinen das klassische Werk über dieses Thema. Bisher erlebte dieses Buch zehn Auflagen, für die ein stets gleichbleibendes Interesse vorhanden war.

Jetzt liegt die 11. Auflage 1964 vor, die eine Erweiterung — verfaßt von Professor Max Päsler, Technische Universität Berlin — enthält. Ein neuer Abschnitt „Aus dem Leben von Max Planck" macht mit dem Wichtigsten aus dem Werdegang von Planck bekannt und umreißt die wissenschaftlichen Leistungen dieses bedeutenden Physikers. Durch die Aufnahme dieses biographischen Abschnittes ist der historische Wert der „Vorlesungen" erhöht worden. In einem weiteren Abschnitt „Bemerkungen zur Thermodynamik irreversibler Prozesse" wird einiges über diesen jungen Zweig der Theoretischen Physik dargelegt.

Die als klassisch zu bezeichnenden „Vorlesungen über Thermodynamik" sind zwar vornehmlich für Studierende der Naturwissenschaft gedacht, sie werden aber auch dem bereits im Berufsleben Stehenden, der mit Thermodynamik zu tun hat, von Nutzen sein.

WALTER DE GRUYTER & CO · BERLIN 30

PATAT-KIRCHNER

Praktikum der Technischen Chemie

Von FRANZ PATAT und KURT KIRCHNER
Oktav. Mit 35 Aufgaben, 8 Tabellen und 66 Abbildungen. XVI, 228 Seiten. 1963. Plastikeinband DM 28,—

WIBERG

Die chemische Affinität

Eine Einführung in die Lehre von der Triebkraft chemischer Reaktionen.
Von EGON WIBERG

2. Auflage. Groß-Oktav. Mit 36 Abbildungen. Etwa 270 Seiten. 1965. In Vorbereitung

CREMER-PAHL

Kinetik der Gasreaktionen

Von ERIKA CREMER und MAX PAHL

Groß-Oktav. Mit 48 Abbildungen und 17 Tabellen. XVI, 129 Seiten. 1961. Plastikeinband DM 28,—

PFANZAGL

Allgemeine Methodenlehre der Statistik

2 Bände

II: **Höhere Methoden unter besonderer Berücksichtigung der Anwendungen in Naturwissenschaft, Medizin und Technik.** Von JOHANN PFANZAGL

Mit 39 Abbildungen. 295 Seiten. 1962. DM 5,80
(Sammlung Göschen Band 747/747a)

WALTER DE GRUYTER & CO · BERLIN 30

SAMMLUNG GÖSCHEN

GESAMTVERZEICHNIS

Jeder Band DM 3,60 · Doppelband DM 5,80

Februar 1964

WALTER DE GRUYTER & CO., BERLIN 30

Inhaltsübersicht

Geisteswissenschaften

Philosophie

Einführung in die Philosophie von *H. Leisegang †*. 5. Auflage. 146 Seiten. 1963. (281)

Hauptprobleme der Philosophie von *G. Simmel †*. 7., unveränderte Auflage. 177 Seiten. 1950. (500)

Geschichte der Philosophie

I: Die griechische Philosophie von *W. Capelle*. 1. Teil. Von Thales bis Leukippos. 2., erweiterte Auflage. 135 Seiten. 1953. (857)

II: Die griechische Philosophie von *W. Capelle*. 2. Teil. Von der Sophistik bis zum Tode Platons. 2., stark erweiterte Auflage. 144 Seiten. 1953. (858)

III: Die griechische Philosophie von *W. Capelle*. 3. Teil. Vom Tode Platons bis zur Alten Stoa. 2., stark erweiterte Auflage. 132 Seiten. 1954. (859)

IV: Die griechische Philosophie von *W. Capelle*. 4. Teil. Von der Alten Stoa bis zum Eklektizismus im 1. Jh. v. Chr. 2., stark erweiterte Auflage. 132 Seiten. 1954. (863)

V: Die Philosophie des Mittelalters von *J. Koch*. In Vorbereitung. (826)

VI: Von der Renaissance bis Kant von *K. Schilling*. 234 Seiten. 1954. (394/394a)

VII: Immanuel Kant von *G. Lehmann*. In Vorbereitung. (536)

VIII: Die Philosophie des 19. Jahrhunderts von *G. Lehmann*. 1. Teil. 151 Seiten. 1953. (571)

IX: Die Philosophie des 19. Jahrhunderts von *G. Lehmann*. 2. Teil. 168 Seiten. 1953. (709)

X: Die Philosophie im ersten Drittel des 20. Jahrhunderts 1. Teil von *G. Lehmann*. 128 Seiten. 1957. (845)

XI: Die Philosophie im ersten Drittel des 20. Jahrhunderts 2. Teil von *G. Lehmann*. 114 Seiten. 1960. (850)

Die geistige Situation der Zeit (1931) von *K. Jaspers*. 5., unveränderter Abdruck der im Sommer 1932 bearbeiteten 5. Auflage. 211 Seiten. 1960. (1000)

Erkenntnistheorie von *G. Kropp*.
1. Teil: Allgemeine Grundlegung. 143 Seiten. 1950. (807)

Formale Logik von *P. Lorenzen*. 2., verbesserte Auflage. 165 Seiten. 1962. (1176/1176a)

Philosophisches Wörterbuch von *M. Apel †*. 5., völlig neubearbeitete Auflage von *P. Ludz*. 315 Seiten. 1958. (1031/1031a)

Philosophische Anthropologie. Menschliche Selbstdeutung in Geschichte und Gegenwart von *M. Landmann*. 2. Auflage. 214 Seiten. 1964. (156/156a)

Pädagogik, Psychologie, Soziologie

Geschichte der Pädagogik von *Herm. Weimer*. 15., neubearbeitete und vermehrte Auflage von *Heinz Weimer*. 184 Seiten. 1962. (145)
Therapeutische Psychologie. Ihr Weg durch die Psychoanalyse von *W. M. Kranefeldt*. Mit einer Einführung von *C. G. Jung*. 3. Auflage. 152 Seiten. 1956. (1034)
Allgemeine Psychologie von *Th. Erismann †*. 4 Bände. 2., neubearbeitete Auflage.
I: Grundprobleme. 146 Seiten. 1958. (831)
II: Grundarten des psychischen Geschehens. 248 Seiten. 1959. (832/832a)
III: Experimentelle Psychologie und ihre Grundlagen. 1. Teil. 112 Seiten, 7 Abbildungen. 1962. (833)
IV: Experimentelle Psychologie und ihre Grundlagen. 2. Teil. 199 Seiten, 20 Abbildungen. 1962. (834/834a)
Soziologie. Geschichte und Hauptprobleme von *L. von Wiese*. 6. Auflage. 175 Seiten. 1960. (101)
Ideengeschichte der sozialen Bewegung des 19. und 20. Jh. von *W. Hofmann*. 243 Seiten. 1962. (1205/1205a)
Sozialpsychologie von *P. R. Hofstätter*. 2. Auflage. 181 Seiten, 15 Abbildungen, 22 Tabellen. 1964. In Vorbereitung. (104/104a)
Psychologie des Berufs- und Wirtschaftslebens von *W. Moede †*. 190 Seiten, 48 Abbildungen. 1958. (851/851a)
Industrie- und Betriebssoziologie von *R. Dahrendorf*. 2., umgearbeitete und erweiterte Auflage. 142 Seiten, 3 Figuren. 1962. (103)
Wirtschaftssoziologie von *F. Fürstenberg*. 122 Seiten. 1961. (1193)
Einführung in die Sozialethik von *H.-D. Wendland*. 144 Seiten. 1963. (1203)

Religion

Jesus von *M. Dibelius †*. 3. Auflage, mit einem Nachtrag von *W. G. Kümmel*. 140 Seiten. 1960. (1130)
Paulus von *M. Dibelius †*. Nach dem Tode des Verfassers herausgegeben und zu Ende geführt von *W. G. Kümmel*. 3., durchgesehene Auflage. 155 Seiten. 1964. (1160)
Luther von *F. Lau*. 151 Seiten. 1959. (1187)
Melanchthon von *R. Stupperich*. 139 Seiten. 1960. (1190)
Einführung in die Konfessionskunde der orthodoxen Kirchen von *K. Onasch*. 291 Seiten. 1962. (1197/1197a)
Geschichte des christlichen Gottesdienstes von *W. Nagel*. 215 Seiten. 1962. (1202/1202a)
Geschichte Israels. Von den Anfängen bis zur Zerstörung des Tempels (70 n. Chr.) von *E. L. Ehrlich*. 158 Seiten, 1 Tafel. 1958. (231/231a)
Römische Religionsgeschichte von *F. Altheim*. 2 Bände. 2., umgearbeitete Auflage.
I: Grundlagen und Grundbegriffe. 116 Seiten. 1956. (1035)
II: Der geschichtliche Ablauf. 164 Seiten. 1956. (1052)

Die Religion des Buddhismus von *D. Schlingloff.* 2 Bände.
I: Der Heilsweg des Mönchtums. 122 Seiten, 11 Abbildungen, 1 Karte. 1962. (174)
II: Der Heilsweg für die Welt. 129 Seiten, 9 Abbildungen, 1 Karte. 1963. (770)

Musik

Musikästhetik von *H. J. Moser.* 180 Seiten. Mit zahlreichen Notenbeispielen. 1953. (344)

Systematische Modulation von *R. Hernried.* 2. Auflage. 136 Seiten. Mit zahlreichen Notenbeispielen. 1950. (1094)

Der polyphone Satz von *E. Pepping.* 2 Bände.
I: Der cantus-firmus-Satz. 2. Auflage. 223 Seiten. Mit zahlreichen Notenbeispielen. 1950. (1148)
II: Übungen im doppelten Kontrapunkt und im Kanon. 137 Seiten. Mit zahlreichen Notenbeispielen. 1957. (1164/1164a)

Allgemeine Musiklehre von *H. J. Moser.* 2., durchgesehene Auflage. 155 Seiten. Mit zahlreichen Notenbeispielen. 1955. (220/220a)

Harmonielehre von *H. J. Moser.* 2 Bände.
I: 109 Seiten. Mit 120 Notenbeispielen. 1954. (809)
II: In Vorbereitung. (810)

Die Musik des 19. Jahrhunderts von *W. Oehlmann.* 180 Seiten. 1953. (170)

Die Musik des 20. Jahrhunderts von *W. Oehlmann.* 312 Seiten. 1961. (171/171a)

Technik der deutschen Gesangskunst von *H. J. Moser.* 3., durchgesehene und verbesserte Auflage. 144 Seiten, 5 Figuren sowie Tabellen und Notenbeispiele. 1954. (576/576a)

Die Kunst des Dirigierens von *H. W. von Waltershausen †.* 2., vermehrte Auflage. 138 Seiten. Mit 19 Notenbeispielen. 1954. (1147)

Die Technik des Klavierspiels aus dem Geiste des musikalischen Kunstwerkes von *K. Schubert †.* 3. Auflage. 110 Seiten. Mit Notenbeispielen. 1954. (1045)

Kunst

Stilkunde von *H. Weigert.* 2 Bände. 3., durchgesehene und ergänzte Auflage.
I: Vorzeit, Antike, Mittelalter. 136 Seiten, 94 Abbildungen. 1958. (80)
II: Spätmittelalter und Neuzeit. 150 Seiten, 88 Abbildungen. 1958. (781)

Archäologie von *A. Rumpf.* 3 Bände.
I: Einleitung, historischer Überblick. 143 Seiten, 6 Abbildungen, 12 Tafeln. 1953. (538)
II: Die Archäologensprache. Die antiken Reproduktionen. 136 Seiten, 7 Abbildungen, 12 Tafeln. 1956. (539)
III: In Vorbereitung. (540)

Geschichte

Einführung in die Geschichtswissenschaft von *P. Kirn.* 4., durchgesehene Auflage. 127 Seiten. 1963. (270)

GEISTESWISSENSCHAFTEN

Einführung in die Zeitgeschichte von *B. Scheurig*. 101 Seiten. 1962. (1204)

Zeitrechnung der römischen Kaiserzeit, des Mittelalters und der Neuzeit für die Jahre 1—2000 n. Chr. von *H. Lietzmann †*. 3. Auflage, durchgesehen von *K. Aland*. 130 Seiten. 1956. (1085)

Kultur der Urzeit von *F. Behn*. 3 Bände. 4. Auflage der Kultur der Urzeit Bd. 1—3 von *M. Hoernes*.

I: Die vormetallischen Kulturen. (Die Steinzeiten Europas. Gleichartige Kulturen in anderen Erdteilen.) 172 Seiten, 48 Abbildungen. 1950. (564)

II: Die älteren Metallkulturen. (Der Beginn der Metallbenutzung, Kupfer- und Bronzezeit in Europa, im Orient und in Amerika.) 160 Seiten, 67 Abbildungen. 1950. (565)

III: Die jüngeren Metallkulturen. (Das Eisen als Kulturmetall, Hallstatt-Latène-Kultur in Europa. Das erste Auftreten des Eisens in den anderen Weltteilen.) 149 Seiten, 60 Abbildungen. 1950. (566)

Vorgeschichte Europas von *F. Behn*. Völlig neue Bearbeitung der 7. Auflage der „Urgeschichte der Menschheit" von *M. Hoernes*. 125 Seiten, 47 Abbildungen. 1949. (42)

Der Eintritt der Germanen in die Geschichte von *J. Haller †*. 3. Auflage, durchgesehen von *H. Dannenbauer*. 120 Seiten, 6 Kartenskizzen. 1957. (1117)

Von den Karolingern zu den Staufern. Die altdeutsche Kaiserzeit (900—1250) von *J. Haller †*. 4., durchgesehene Auflage von *H. Dannenbauer*. 142 Seiten, 4 Karten. 1958. (1065)

Von den Staufern zu den Habsburgern. Auflösung des Reichs und Emporkommen der Landesstaaten (1250—1519) von *J. Haller †*. 2., durchgesehene Auflage von *H. Dannenbauer*. 118 Seiten, 6 Kartenskizzen. 1960. (1077)

Deutsche Geschichte im Zeitalter der Reformation, der Gegenreformation und des dreißigjährigen Krieges von *F. Hartung*. 2., durchgesehene Auflage. 128 Seiten. 1963. (1105)

Deutsche Geschichte von 1648—1740. Politischer und geistiger Wiederaufbau von *W. Treue*. 120 Seiten. 1956. (35)

Deutsche Geschichte von 1713—1806. Von der Schaffung des europäischen Gleichgewichts bis zu Napoleons Herrschaft von *W. Treue*. 168 Seiten. 1957. (39)

Deutsche Geschichte von 1806—1890. Vom Ende des alten bis zur Höhe des neuen Reiches von *W. Treue*. 128 Seiten. 1961. (893)

Deutsche Geschichte von 1890 bis zur Gegenwart von *W. Treue*. In Vorbereitung. (894)

Quellenkunde der Deutschen Geschichte im Mittelalter (bis zur Mitte des 15. Jahrhunderts) von *K. Jacob †*. 3 Bände.

I: Einleitung. Allgemeiner Teil. Die Zeit der Karolinger. 6. Auflage, bearbeitet von *H. Hohenleutner*. 127 Seiten. 1959. (279)

II: Die Kaiserzeit (911—1250). 5. Auflage, neubearbeitet von *H. Hohenleutner*. 141 Seiten. 1961. (280)

III: Das Spätmittelalter (vom Interregnum bis 1500). Herausgegeben von *F. Weden*. 152 Seiten. 1952. (284)

Geschichte Englands von *H. Preller*. 2 Bände.
I: bis 1815. 3., stark umgearbeitete Auflage. 135 Seiten, 7 Stammtafeln, 2 Karten. 1952. (375)
II: Von 1815 bis 1910. 2., völlig umgearbeitete Auflage. 118 Seiten, 1 Stammtafel, 7 Karten. 1954. (1088)

Römische Geschichte von *F. Altheim*. 4 Bände. 2., verbesserte Auflage.
I: Bis zur Schlacht bei Pydna (168 v.Chr.). 124 Seiten. 1956. (19)
II: Bis zur Schlacht bei Actium (31 v.Chr.). 129 Seiten. 1956. (677)
III: Bis zur Schlacht an der Milvischen Brücke (312 n.Chr.). 148 Seiten. 1958. (679)
IV: Bis zur Schlacht am Yarmuk (636 n.Chr.). In Vorbereitung. (684)

Geschichte der Vereinigten Staaten von Amerika von *O. Graf zu Stolberg-Wernigerode*. 192 Seiten, 10 Karten. 1956. (1051/1051a)

Deutsche Sprache und Literatur

Geschichte der Deutschen Sprache von *H. Sperber*. 4. Auflage, besorgt von *W. Fleischhauer*. 128 Seiten. 1963. (915)

Deutsches Rechtschreibungswörterbuch von *M. Gottschald †*. 2., verbesserte Auflage. 219 Seiten. 1953. (200/200a)

Deutsche Wortkunde. Kulturgeschichte des deutschen Wortschatzes von *A. Schirmer*. 4. Auflage von *W. Mitzka*. 123 Seiten. 1960. (929)

Deutsche Sprachlehre von *W. Hofstaetter*. 10. Auflage. Völlige Umarbeitung der 8. Auflage. 150 Seiten. 1960. (20)

Stimmkunde für Beruf, Kunst und Heilzwecke von *H. Biehle*. 111 Seiten. 1955. (60)

Redetechnik. Einführung in die Rhetorik von *H. Biehle*. 2., erweiterte Auflage. 151 Seiten. 1961. (61)

Sprechen und Sprachpflege (Die Kunst des Sprechens) von *H. Feist*. 2., verbesserte Auflage. 99 Seiten, 25 Abbildungen. 1952. (1122)

Deutsches Dichten und Denken von der germanischen bis zur staufischen Zeit von *H. Naumann †*. (Deutsche Literaturgeschichte vom 5.—13. Jahrhundert.) 2., verbesserte Auflage. 166 Seiten. 1952. (1121)

Deutsches Dichten und Denken vom Mittelalter zur Neuzeit von *G. Müller* (1270 bis 1700). 3., durchgesehene Auflage. 159 Seiten. In Vorbereitung. (1086)

Deutsches Dichten und Denken von der Aufklärung bis zum Realismus (Deutsche Literaturgeschichte von 1700—1890) von *K. Viëtor †*. 3., durchgesehene Auflage. 159 Seiten. 1958. (1096)

Deutsche Heldensage von *H. Schneider*. 2. Auflage, bearbeitet von *R. Wisniewski*. 148 Seiten. 1964. (32)

Der Nibelunge Nôt in Auswahl mit kurzem Wörterbuch von *K. Langosch*. 10., durchgesehene Auflage. 164 Seiten. 1956. (1)

Kudrun und Dietrich-Epen in Auswahl mit Wörterbuch von *O. L. Jiriczek*. 6. Auflage, bearbeitet von *R. Wisniewski*. 173 Seiten. 1957. (10)

Wolfram von Eschenbach. Parzival. Eine Auswahl mit Anmerkungen und Wörterbuch von *H. Jantzen*. 2. Auflage, bearbeitet von *H. Kolb*. 128 Seiten. 1957. (921)

Hartmann von Aue. Der arme Heinrich nebst einer Auswahl aus der „Klage", dem „Gregorius" und den Liedern (mit einem Wörterverzeichnis) herausgegeben von *F. Maurer*. 96 Seiten. 1958. (18)
Gottfried von Strassburg in Auswahl herausgegeben von *F. Maurer*. 142 Seiten. 1959. (22)
Die deutschen Personennamen von *M. Gottschald †*. 2., verbesserte Auflage. 151 Seiten. 1955. (422)
Althochdeutsches Elementarbuch. Grammatik und Texte von *H. Naumann †* und *W. Betz*. 3., verbesserte und vermehrte Auflage. 183 Seiten. 1962. (1111/1111a)
Mittelhochdeutsche Grammatik von *H. de Boor* und *R. Wisniewski*. 3., verbesserte und ergänzte Auflage. 150 Seiten. 1963. (1108)

Indogermanisch, Germanisch

Indogermanische Sprachwissenschaft von *H. Krahe*. 2 Bände. 4., überarbeitete Auflage.
I: Einleitung und Lautlehre. 110 Seiten. 1962. (59)
II: Formenlehre. 100 Seiten. 1963. (64)
Gotisches Elementarbuch. Grammatik, Texte mit Übersetzung und Erläuterungen von *H. Hempel*. 3., umgearbeitete Auflage. 166 Seiten. 1962. (79/79a)
Germanische Sprachwissenschaft von *H. Krahe*. 2 Bände.
I: Einleitung und Lautlehre. 5., überarbeitete Auflage. 149 Seiten. 1963. (238)
II: Formenlehre. 4., überarbeitete Auflage. 149 Seiten. 1961. (780)
Altnordisches Elementarbuch. Schrift, Sprache, Texte mit Übersetzung und Wörterbuch von *F. Ranke*. 2., durchgesehene Auflage. 146 Seiten. 1949. (1115)

Englisch, Romanisch

Altenglisches Elementarbuch. Einführung, Grammatik, Texte mit Übersetzung und Wörterbuch von *M. Lehnert*. 5., verbesserte Auflage. 178 Seiten. 1962. (1125)
Historische neuenglische Laut- und Formenlehre von *E. Ekwall*. 3., durchgesehene Auflage. 150 Seiten. 1956. (735)
Englische Phonetik von *H. Mutschmann †*. 2. Auflage, bearbeitet von *G. Scherer*. 127 Seiten. 1963. (601)
Englische Literaturgeschichte von *F. Schubel*. 4 Bände.
I: Die alt- und mittelenglische Periode. 163 Seiten. 1954. (1114)
II: Von der Renaissance bis zur Aufklärung. 160 Seiten. 1956. (1116)
III: Romantik und Viktorianismus. 160 Seiten. 1960. (1124)
Beowulf von *M. Lehnert*. Eine Auswahl mit Einführung, teilweiser Übersetzung, Anmerkungen und etymologischem Wörterbuch. 3., verbesserte Auflage. 135 Seiten. 1959. (1135)
Shakespeare von *P. Meißner †*. 2. Auflage, neubearbeitet von *M. Lehnert*. 136 Seiten. 1954. (1142)

Romanische Sprachwissenschaft von *H. Lausberg.* 4 Bände.
I: Einleitung und Vokalismus. 2., durchgesehene Auflage. 211 Seiten. 1963. (128/128a)
II: Konsonantismus. 95 Seiten. 1956. (250)
III: Formenlehre. 1. Teil. 99 Seiten. 1962. (1199)
III: Formenlehre. 2. Teil. S. 99—260. 1962. (1200/1200a)
IV: Wortlehre. In Vorbereitung. (1208)

Griechisch, Lateinisch

Griechische Sprachwissenschaft von *W. Brandenstein.* 3 Bände.
I: Einleitung, Lautsystem, Etymologie. 160 Seiten. 1954. (117)
II: Wortbildung und Formenlehre. 192 Seiten. 1959. (118/118a)
III: Syntax. In Vorbereitung. (1218)
Geschichte der griechischen Sprache. 2 Bände.
I: Bis zum Ausgang der klassischen Zeit von *O. Hoffmann †.* 3. Auflage, bearbeitet von *A. Debrunner †.* 156 Seiten. 1953. (111)
II: Grundfragen und Grundzüge des nachklassischen Griechisch von *A. Debrunner †.* 144 Seiten. 1954. (114)
Geschichte der griechischen Literatur von *W. Nestle.* 2 Bände. 3. Auflage, bearbeitet von *W. Liebich.*
I: 144 Seiten. 1961. (70)
II: 149 Seiten. 1963. (557)
Grammatik der neugriechischen Volkssprache von *J. Kalitsunakis.* 3., wesentlich erweiterte und verbesserte Auflage. 196 Seiten. 1963. (756/756a)
Neugriechisch-deutsches Gesprächsbuch von *J. Kalitsunakis.* 2. Auflage, bearbeitet von *A. Steinmetz.* 99 Seiten. 1960. (587)
Geschichte der lateinischen Sprache von *F. Stolz.* 4. Auflage von *A. Debrunner †.* In Vorbereitung. (492)
Geschichte der römischen Literatur von *L. Bieler.* 2 Bände.
I: Die Literatur der Republik. 160 Seiten. 1961. (52)
II: Die Literatur der Kaiserzeit. 133 Seiten. 1961. (866)

Hebräisch, Sanskrit, Russisch

Hebräische Grammatik von *G. Beer †.* 2 Bände. Völlig neubearbeitet von *R. Meyer.*
I: Schrift-, Laut- und Formenlehre I. 3. Auflage. Etwa 224 Seiten. In Vorbereitung. (763/763a)
II: Formenlehre II. Syntax und Flexionstabellen. 2. Auflage. 195 Seiten. 1955. (764/764a)
Hebräisches Textbuch zu *G. Beer-R. Meyer,* Hebräische Grammatik von *R. Meyer.* 170 Seiten. 1960. (769/769a)
Sanskrit-Grammatik von *M. Mayrhofer.* 89 Seiten. 1953. (1158)
Russische Grammatik von *E. Berneker †.* 6., verbesserte Auflage von *M. Vasmer †.* 155 Seiten. 1961. (66)
Slavische Sprachwissenschaft von *H. Bräuer.* 2 Bände.
I: Einleitung, Lautlehre. 221 Seiten. 1961. (1191/1191a)

Erd- und Länderkunde, Kartographie

Afrika von *F. Jaeger*. Ein geographischer Überblick. 2 Bände. 3. Auflage.
I: Der Lebensraum. 179 Seiten, 18 Abbildungen. In Vorbereitung. (910)
II: Mensch und Kultur. 155 Seiten, 6 Abbildungen. In Vorbereitung. (911)

Australien und Ozeanien von *H. J. Krug*. 176 Seiten, 46 Skizzen. 1953. (319)

Kartographie von *V. Heissler*. 213 Seiten, 125 Abb., 8 Anlagen. 1962. (30/30a)

Volkswirtschaft, Statistik, Publizistik

Allgemeine Betriebswirtschaftslehre von *K. Mellerowicz*. 4 Bände. 11., durchgesehene Auflage.
I: 224 Seiten. 1961. (1008/1008a)
II: 188 Seiten. 1962. (1153/1153a)
III: 260 Seiten. 1963. (1154/1154a)
IV: 209 Seiten. 1963. (1186/1186a)

Buchhaltung und Bilanz von *E. Kosiol*. Etwa 114 Seiten, 29 Tafeln. 1964. (1213)

Geschichte der Volkswirtschaftslehre von *S. Wendt*. 182 Seiten. 1961. (1194)

Allgemeine Volkswirtschaftslehre von *A. Paulsen*. 4 Bände.
I: Grundlegung, Wirtschaftskreislauf. 5., neubearbeitete Auflage. 154 Seiten. 1964. (1169)
II: Haushalte, Unternehmungen, Marktformen. 5., neubearbeitete Auflage. 168 Seiten, 35 Abbildungen. 1964. (1170)
III: Produktionsfaktoren. 3., neubearbeitete und ergänzte Auflage. 198 Seiten. 1963. (1171)
IV: Gesamtbeschäftigung, Konjunkturen, Wachstum. 3. Auflage. 174 Seiten. 1964. (1172)

Allgemeine Volkswirtschaftspolitik von *H. Ohm*. 2 Bände.
I: Systematisch-Theoretische Grundlegung. 137 Seiten, 6 Abbildungen. 1962. (1195)
II: Der volkswirtschaftliche Gesamtorganismus als Objekt der Wirtschaftspolitik. In Vorbereitung. (1196)

Finanzwissenschaft von *H. Kolms*. 4 Bände.
I: Grundlegung, Öffentliche Ausgaben. 2., verbesserte Auflage. 162 Seiten. 1963. (148)
II: Erwerbseinkünfte, Gebühren und Beiträge, Allgemeine Steuerlehre. 2., verbesserte Auflage. 150 Seiten. 1964. (391)
III: Besondere Steuerlehre. 178 Seiten. 1962. (776)
IV: Öffentlicher Kredit. Haushaltswesen. Finanzausgleich. 1964. In Vorbereitung. (782)

Finanzmathematik von *M. Nicolas*. 192 Seiten, 11 Tafeln, 8 Tabellen und 72 Beispiele. 1959. (1183/1183a)

Industrie- und Betriebssoziologie von *R. Dahrendorf*. 2., umgearbeitete und erweiterte Auflage. 142 Seiten, 3 Figuren. 1962. (103)

Wirtschaftssoziologie von *F. Fürstenberg*. 122 Seiten. 1961. (1193)

Psychologie des Berufs- und Wirtschaftslebens von *W. Moede †*. 190 Seiten, 48 Abbildungen. 1958. (851/851a)

Einführung in die Arbeitswissenschaft von *H. H. Hilf*. 164 Seiten, 57 Abbildungen. 1964. (1212/1212a)

Allgemeine Methodenlehre der Statistik von *J. Pfanzagl*. 2 Bände.
I: Elementare Methoden unter besonderer Berücksichtigung der Anwendungen in den Wirtschafts- und Sozialwissenschaften. 2. Auflage. 251 Seiten, 42 Abbildungen. 1964. (746/746a)
II: Höhere Methoden unter besonderer Berücksichtigung der Anwendungen in Naturwissenschaft, Medizin und Technik. 295 Seiten, 39 Abbildungen. 1962. (747/747a)

Zeitungslehre von *E. Dovifat*. 2 Bände. 4., neubearbeitete Auflage.
I: Theoretische und rechtliche Grundlagen — Nachricht und Meinung — Sprache und Form. 149 Seiten. 1962. (1039)
II: Redaktion — Die Sparten: Verlag und Vertrieb, Wirtschaft und Technik — Sicherung der öffentlichen Aufgabe. 168 Seiten. 1962. (1040)

Naturwissenschaften

Mathematik

Geschichte der Mathematik von *J. E. Hofmann.* 4 Bände.
I: Von den Anfängen bis zum Auftreten von Fermat und Descartes. 2., verbesserte und vermehrte Auflage. 251 Seiten. 1963. (226/226a)
II: Von Fermat und Descartes bis zur Erfindung des Calculus und bis zum Ausbau der neuen Methoden. 109 Seiten. 1957. (875)
III: Von den Auseinandersetzungen um den Calculus bis zur französischen Revolution. 107 Seiten. 1957. (882)
IV: Geschichte der Mathematik der neuesten Zeit von *N. Stuloff.* In Vorbereitung. (883)

Mathematische Formelsammlung von *F. O. Ringleb.* 7., erweiterte Auflage. 320 Seiten, 40 Figuren. 1960. (51/51a)

Vierstellige Tafeln und Gegentafeln für logarithmisches und trigonometrisches Rechnen in zwei Farben zusammengestellt von *H. Schubert* und *R. Haussner.* 3., neubearbeitete Auflage von *J. Erlebach.* 158 Seiten. 1960. (81)

Fünfstellige Logarithmen mit mehreren graphischen Rechentafeln und häufig vorkommenden Zahlenwerten von *A. Adler.* 4. Auflage, überarbeitet von *J. Erlebach.* 127 Seiten, 1 Tafel. 1962. (423)

Arithmetik von *P. B. Fischer †.* 3. Auflage von *H. Rohrbach.* 152 Seiten, 19 Abbildungen. 1958. (47)

Höhere Algebra von *H. Hasse.* 2 Bände.
I: Lineare Gleichungen. 5., neubearbeitete Auflage. 150 Seiten. 1963. (931)
II: Gleichungen höheren Grades. 4., durchgesehene Auflage. 158 Seiten, 5 Figuren. 1958. (932)

Aufgabensammlung zur höheren Algebra von *H. Hasse* und *W. Klobe.* 3., verbesserte Auflage. 183 Seiten. 1961. (1082)

Elementare und klassische Algebra vom modernen Standpunkt von *W. Krull.* 2 Bände.
I: 3., erweiterte Auflage. 148 Seiten. 1963. (930)
II: 132 Seiten. 1959. (933)

Lineare Programmierung von *H. Langen.* Etwa 200 Seiten. 1964. (1206/1206a)

Algebraische Kurven und Flächen von *W. Burau.* 2 Bände.
I: Algebraische Kurven der Ebene. 153 Seiten, 28 Abbildungen. 1962. (435)
II: Algebraische Flächen 3. Grades und Raumkurven 3. und 4. Grades. 162 Seiten, 17 Abbildungen. 1962. (436/436a)

Einführung in die Zahlentheorie von *A. Scholz †.* Überarbeitet und herausgegeben von *B. Schoeneberg.* 3. Auflage. 128 Seiten. 1961. (1131)

Formale Logik von *P. Lorenzen.* 2., verbesserte Auflage. 165 Seiten. 1962. (1176/1176a)

Topologie von *W. Franz*. 2 Bände.
I: Allgemeine Topologie. 144 Seiten, 9 Figuren. 1960. (1181)
II: Algebraische Topologie. 130 Seiten. 1964. (1182)

Elemente der Funktionentheorie von *K. Knopp †*. 6. Auflage. 144 Seiten, 23 Figuren. 1963. (1109)

Funktionentheorie von *K. Knopp †*. 2 Bände. 10. Auflage.
I: Grundlagen der allgemeinen Theorie der analytischen Funktionen. 144 Seiten, 8 Figuren. 1961. (668)
II: Anwendungen und Weiterführung der allgemeinen Theorie. 130 Seiten, 7 Figuren. 1962. (703)

Aufgabensammlung zur Funktionentheorie von *K. Knopp †*. 2 Bände.
I: Aufgaben zur elementaren Funktionentheorie. 6. Auflage. 135 Seiten. 1962. (877)
II: Aufgaben zur höheren Funktionentheorie. 5. Auflage. 151 Seiten. 1959. (878)

Differential- und Integralrechnung von *M. Barner*. (Früher *Witting*). 4 Bände.
I: Grenzwertbegriff, Differentialrechnung. 2., durchgesehene Auflage. 176 Seiten, 39 Figuren. 1963. (86)

Gewöhnliche Differentialgleichungen von *G. Hoheisel*. 6., neubearbeitete und erweiterte Auflage. 128 Seiten. 1960. (920)

Partielle Differentialgleichungen von *G. Hoheisel*. 4., durchgesehene Auflage. 128 Seiten. 1960. (1003)

Aufgabensammlung zu den gewöhnlichen und partiellen Differentialgleichungen von *G. Hoheisel*. 5., durchgesehene und verbesserte Auflage. 124 Seiten. 1964. (1059/1059a)

Integralgleichungen von *G. Hoheisel*. 2., neubearbeitete und erweiterte Auflage. 112 Seiten. 1963. (1099)

Mengenlehre von *E. Kamke*. 4., verbesserte Auflage. 194 Seiten, 6 Figuren. 1962. (999/999a)

Gruppentheorie von *L. Baumgartner*. 4., neubearbeitete Auflage. 110 Seiten, 3 Tafeln. 1964. In Vorbereitung. (837)

Ebene und sphärische Trigonometrie von *G. Hessenberg †*. 5. Auflage, durchgesehen von *H. Kneser*. 172 Seiten, 60 Figuren. 1957. (99)

Darstellende Geometrie von *W. Haack*. 3 Bände.
I: Die wichtigsten Darstellungsmethoden. Grund- und Aufriß ebenflächiger Körper. 4., durchgesehene und ergänzte Auflage. 113 Seiten, 120 Abbildungen. 1963. (142)
II: Körper mit krummen Begrenzungsflächen. Kotierte Projektionen. 3., durchgesehene Auflage. 129 Seiten, 86 Abbildungen. 1962. (143)
III: Axonometrie und Perspektive. 2., durchgesehene und ergänzte Auflage. 129 Seiten, 100 Abbildungen. 1962. (144)

Analytische Geometrie von *K. P. Grotemeyer*. 2., erweiterte Auflage. 218 Seiten, 73 Abbildungen. 1962. (65/65a)

Nichteuklidische Geometrie. Hyperbolische Geometrie der Ebene von *R. Baldus †*. Durchgesehen und herausgegeben von *F. Löbell*. 4., verbesserte Auflage. 140 Seiten, 70 Figuren. 1964. (970)

Differentialgeometrie von *K. Strubecker* (früher *Rothe*). 3 Bände.
I: Kurventheorie der Ebene und des Raumes. 2. Auflage. 200 Seiten, 18 Figuren. 1964. In Vorbereitung. (1113/1113a)

II: Theorie der Flächenmetrik. 195 Seiten, 14 Figuren. 1958. (1179/1179a)
III: Theorie der Flächenkrümmung. 254 Seiten, 38 Figuren. 1959. (1180/1180a)

Variationsrechnung von *L. Koschmieder*. 2 Bände. 2., neubearbeitete Auflage.
I: Das freie und gebundene Extrem einfacher Grundintegrale. 128 Seiten, 23 Figuren. 1962. (1074)
II: Anwendung klassischer Verfahren auf allgemeine Fragen des Extrems. — Neuere unmittelbare Verfahren. In Vorbereitung. (1075)

Einführung in die konforme Abbildung von *L. Bieberbach*. 5., erweiterte Auflage. 180 Seiten, 42 Figuren. 1956. (768/768a)

Vektoren und Matrizen von *S. Valentiner*. 3. Auflage. (10., erweiterte Auflage der „Vektoranalysis"). Mit Anhang: Aufgaben zur Vektorrechnung von *H. König*. 206 Seiten, 35 Figuren. 1963. (354/354a)

Wahrscheinlichkeitstheorie und Grundzüge der Maßtheorie von *H. Bauer*. 2 Bände.
I: 1964. Im Druck. (1216)
II: In Vorbereitung. (1217)

Versicherungsmathematik von *F. Böhm*. 2 Bände.
I: Elemente der Versicherungsrechnung. 3., vermehrte und verbesserte Auflage. Durchgesehener Neudruck. 151 Seiten. 1953. (180)
II: Lebensversicherungsmathematik. Einführung in die technischen Grundlagen der Sozialversicherung. 2., verbesserte und vermehrte Auflage 205 Seiten. 1953. (917/917a)

Finanzmathematik von *M. Nicolas* 192 Seiten, 11 Tafeln, 8 Tabellen und 72 Beispiele. 1959. (1183/1183a)

Kinematik von *H. R. Müller*. 171 Seiten, 75 Figuren. 1963. (584/584a)

Physik

Einführung in die theoretische Physik von *W. Döring*. 5 Bände.
I: Mechanik. 2., verbesserte Auflage. 123 Seiten, 25 Abbildungen. 1960. (76)
II: Das elektromagnetische Feld. 2., verbesserte Auflage. 132 Seiten, 15 Abbildungen. 1962. (77)
III: Optik. 2., verbesserte Auflage. 117 Seiten, 32 Abbildungen. 1963. (78)
IV: Thermodynamik. 2., verbesserte Auflage. 107 Seiten, 9 Abbildungen. 1964. (374)
V: Statistische Mechanik. 114 Seiten, 12 Abbildungen. 1957. (1017)

Mechanik deformierbarer Körper von *M. Päsler*. 199 Seiten, 48 Abbildungen. 1960. (1189/1189a)

Atomphysik von *K. Bechert, Ch. Gerthsen †* und *A. Flammersfeld*. 7 Bände. 4., durchgesehene Auflage.
I: Allgemeine Grundlagen. 1. Teil von *A. Flammersfeld*. 124 Seiten, 35 Abbildungen. 1959. (1009)
II: Allgemeine Grundlagen. 2. Teil von *A. Flammersfeld*. 112 Seiten, 47 Abbildungen. 1963. (1033)

III: Theorie des Atombaus. 1. Teil von *K. Bechert.* 148 Seiten, 16 Abbildungen. 1963. (1123/1123a)

IV: Theorie des Atombaus. 2. Teil von *K. Bechert.* 170 Seiten, 14 Abbildungen. 1963. (1165/1165a)

Differentialgleichungen der Physik von *F. Sauter.* 3., durchgesehene und ergänzte Auflage. 148 Seiten, 16 Figuren. 1958. (1070)

Physikalische Formelsammlung von *G. Mahler†.* Fortgeführt von *K. Mahler.* Neubearbeitet von *H. Graewe.* 11. Auflage. 167 Seiten, 69 Figuren. 1963. (136)

Physikalische Aufgabensammlung von *G. Mahler †.* Neubearbeitet von *H. Graewe.* Mit den Ergebnissen. 12. Auflage. 127 Seiten. 1964. (243)

Chemie

Geschichte der Chemie in kurzgefaßter Darstellung von *G. Lockemann.* 2 Bände.

I: Vom Altertum bis zur Entdeckung des Sauerstoffs. 2. Auflage. 142 Seiten, 8 Bildnisse. In Vorbereitung. (264)

II: Von der Entdeckung des Sauerstoffs bis zur Gegenwart. 151 Seiten, 16 Bildnisse. 1955. (265/265a)

Anorganische Chemie von *W. Klemm.* 13., neubearbeitete und erweiterte Auflage. 255 Seiten, 35 Abbildungen. 1964. (37/37a)

Organische Chemie von *W. Schlenk.* 9., erweiterte Auflage. 273 Seiten, 16 Abbildungen. 1963. (38/38a)

Physikalische Methoden in der Organischen Chemie von *G. Kresze.* 2 Bände.

I: 119 Seiten, 65 Abbildungen. 1962. (44)

II: 164 Seiten. 1962. (45/45a)

Allgemeine und physikalische Chemie von *W. Schulze.* 2 Bände.

I: 5., durchgesehene Auflage. 139 Seiten, 10 Figuren. 1960. (71)

II: 5., verbesserte Auflage. 178 Seiten, 37 Figuren. 1961. (698/698a)

Einfache Versuche zur allgemeinen und physikalischen Chemie von *E. Dehn.* 371 Versuche mit 40 Abbildungen. 272 Seiten. 1962. (1201/1201a)

Molekülbau. Theoretische Grundlagen und Methoden der Strukturermittlung von *W. Schulze.* 123 Seiten, 43 Figuren. 1958. (786)

Physikalisch-chemische Rechenaufgaben von *E. Asmus.* 3., verbesserte Auflage. 96 Seiten. 1958. (445)

Maßanalyse. Theorie und Praxis der klassischen und der elektrochemischen Titrierverfahren von *G. Jander* und *K. F. Jahr.* 10., erweiterte Auflage, mitbearbeitet von *H. Knoll.* 358 Seiten, 56 Figuren. 1963. (221/221a)

Qualitative Analyse von *H. Hofmann* u. *G. Jander.* 2., durchgesehene und verbesserte Auflage. 308 Seiten, 5 Abbildungen. 1963. (247/247a)

Thermochemie von *W. A. Roth †.* 2., verbesserte Auflage. 109 Seiten, 16 Figuren. 1952. (1057)

Stöchiometrische Aufgabensammlung von *W. Bahrdt* † und *R. Scheer*. Mit den Ergebnissen. 7., durchgesehene Auflage. 119 Seiten. 1960. (452)

Elektrochemie von *K. Vetter*. 2 Bände.
I: 1964. In Vorbereitung. (252)
II: 1964. In Vorbereitung. (253)

Technologie

Die Chemie der Kunststoffe von *K. Hamann*, unter Mitarbeit von *W. Funke* und *H. D. Hermann*. 143 Seiten. 1960. (1173)

Warenkunde von *K. Hassak* und *E. Beutel* †. 2 Bände.
I: Anorganische Waren sowie Kohle und Erdöl. 8. Auflage. Neubearbeitet von *A. Kutzelnigg*. 119 Seiten, 18 Figuren. 1958. (222)
II: Organische Waren. 8. Auflage. Vollständig neubearbeitet von *A. Kutzelnigg*. 157 Seiten, 32 Figuren. 1959. (223)

Die Fette und Öle von *Th. Klug*. 6., verbesserte Auflage. 143 Seiten. 1961. (335)

Die Seifenfabrikation von *K. Braun* †. 3., neubearbeitete und verbesserte Auflage von *Th. Klug*. 116 Seiten, 18 Abbildungen. 1953. (336)

Thermische Verfahrenstechnik von *H. Bock*. 3 Bände.
I: Eigenschaften und Verhalten der realen Stoffe. 164 Seiten. 28 Abbildungen. 1963. (1209/1209a)
II: Funktionen und Berechnung der elementaren Geräte. In Vorbereitung (1210/1210a)
III: Fließbilder, ihre Funktion und ihr Zusammenbau aus Geräten. In Vorbereitung. (1211/1211a)

Textilindustrie von *A. Blümcke*.
I: Spinnerei und Zwirnerei. 111 Seiten, 43 Abbildungen. 1954. (184)

Biologie

Einführung in die allgemeine Biologie und ihre philosophischen Grund- und Grenzfragen von *M. Hartmann*. 132 Seiten, 2 Abbildungen. 1956. (96)

Hormone von *G. Koller*. 2., neubearbeitete und erweiterte Auflage. 187 Seiten, 60 Abbildungen, 19 Tabellen. 1949. (1141)

Fortpflanzung im Tier- und Pflanzenreich von *J. Hämmerling*. 2., ergänzte Auflage. 135 Seiten, 101 Abbildungen. 1951. (1138)

Geschlecht und Geschlechtsbestimmung im Tier- und Pflanzenreich von *M. Hartmann*. 2., verbesserte Auflage. 116 Seiten, 61 Abbildungen, 7 Tabellen. 1951. (1127)

Symbiose der Tiere mit pflanzlichen Mikroorganismen von *P. Buchner*. 2., verbesserte und vermehrte Auflage. 130 Seiten, 121 Abbildungen. 1949. (1128)

Grundriß der Allgemeinen Mikrobiologie von *W.* u. *A. Schwartz*. 2 Bände. 2., verbesserte und ergänzte Auflage.
I: 147 Seiten, 25 Abbildungen. 1960. (1155)
II: 142 Seiten, 29 Abbildungen. 1961. (1157)

Botanik

Entwicklungsgeschichte des Pflanzenreiches von *H. Heil.* 2. Auflage. 138 Seiten, 94 Abbildungen, 1 Tabelle. 1950. (1137)
Morphologie der Pflanzen von *L. Geitler.*, 3., umgearbeitete Auflage. 126 Seiten, 114 Abbildungen. 1953. (141)
Pflanzengeographie von *L. Diels †.* 5., völlig neubearbeitete Auflage von *F. Mattick.* 195 Seiten, 2 Karten. 1958. (389/389a)
Die Laubhölzer. Kurzgefaßte Beschreibung der in Mitteleuropa gedeihenden Laubbäume und Sträucher von *F. W. Neger †* und *E. Münch †.* 3., durchgesehene Auflage, herausgegeben von *B. Huber.* 143 Seiten, 63 Figuren, 7 Tabellen. 1950. (718)
Die Nadelhölzer (Koniferen) und übrigen Gymnospermen von *F. W. Neger †* und *E. Münch †.* 4. Auflage, durchgesehen und ergänzt von *B. Huber.* 140 Seiten, 75 Figuren, 4 Tabellen, 3 Karten. 1952. (355)
Pflanzenzüchtung von *H. Kuckuck.* 2 Bände.
I: Grundzüge der Pflanzenzüchtung. 3., völlig umgearbeitete und erweiterte Auflage. 132 Seiten, 22 Abbildungen. 1952. (1134)
II: Spezielle gartenbauliche Pflanzenzüchtung (Züchtung von Gemüse, Obst und Blumen). 178 Seiten, 27 Abbildungen. 1957. (1178/1178a)

Zoologie

Entwicklungsphysiologie der Tiere von *F. Seidel.* 2 Bände.
I: Ei und Furchung. 126 Seiten, 29 Abbildungen. 1953. (1162)
II: Körpergrundgestalt und Organbildung. 159 Seiten, 42 Abbildungen. 1953. (1163)

Das Tierreich
I: Einzeller, Protozoen von *E. Reichenow.* 115 Seiten. 59 Abbildungen. 1956. (444)
II: Schwämme und Hohltiere von *H. J. Hannemann.* 95 Seiten, 80 Abbildungen. 1956. (442)
III: Würmer. Platt-, Hohl-, Schnurwürmer, Kamptozoen, Ringelwürmer, Protracheaten, Bärtierchen, Zungenwürmer von *S. Jaeckel.* 114 Seiten, 36 Abbildungen. 1955. (439)
IV, 1: Krebse von *H. E. Gruner* und *K. Deckert.* 114 Seiten, 43 Abbildungen. 1956. (443)
IV, 2: Spinnentiere (Trilobitomorphen, Fühlerlose) und Tausendfüßler von *A. Kaestner.* 96 Seiten, 55 Abbildungen. 1955. (1161)
IV, 3: Insekten von *H. von Lengerken.* 128 Seiten, 58 Abbildungen. 1953. (594)
V: Weichtiere. Urmollusken, Schnecken, Muscheln und Kopffüßer von *S. Jaeckel.* 92 Seiten. 34 Figuren. 1954. (440)
VI: Stachelhäuter. Tentakulaten, Binnenatmer und Pfeilwürmer von *S. Jaeckel.* 100 Seiten, 46 Abbildungen. 1955. (441)
VII, 1: Manteltiere, Schädellose, Rundmäuler von *Th. Haltenorth.* In Vorbereitung. (448)

VII, 2: Fische von *D. Lüdemann*. 130 Seiten, 65 Abbildungen. 1955. (356)
VII, 3: Lurche (Chordatiere) von *K. Herter*. 143 Seiten, 129 Abbildungen. 1955. (847)
VII, 4: Kriechtiere (Chordatiere) von *K. Herter*. 200 Seiten, 42 Abbildungen. 1960. (447/447 a)
VII, 5: Vögel (Chordatiere) von *H.-A. Freye*. 156 Seiten, 69 Figuren. 1960. (869)
VII, 6: Säugetiere (Chordatiere) von *Th. Haltenorth*. In Vorbereitung. (282)

Land- und Forstwirtschaft

Landwirtschaftliche Tierzucht. Die Züchtung und Haltung der landwirtschaftlichen Nutztiere von *H. Vogel*. 139 Seiten, 11 Abbildungen. 1952. (228)
Kulturtechnische Bodenverbesserungen von *O. Fauser*. 2 Bände. 5., verbesserte und vermehrte Auflage.
I: Allgemeines, Entwässerung. 127 Seiten, 49 Abbildungen. 1959. (691)
II: Bewässerung, Ödlandkultur, Flurbereinigung. 159 Seiten, 71 Abbildungen. 1961. (692)
Agrikulturchemie von *K. Scharrer*. 2 Bände.
I: Pflanzenernährung. 143 Seiten. 1953. (329)
II: Futtermittelkunde. 192 Seiten. 1956. (330/330a)

Geologie, Mineralogie, Kristallographie

Geologie von *F. Lotze*. 2., verbesserte Auflage. 178 Seiten, 80 Abbildungen. 1961. (13)
Erzkunde von *H. von Philipsborn*. In Vorbereitung. (1207)
Mineral- und Erzlagerstättenkunde von *H. Huttenlocher †*. 2 Bände. 2. Auflage.
I: 128 Seiten, 34 Abbildungen. In Vorbereitung. (1014)
II: 156 Seiten, 48 Abbildungen. In Vorbereitung. (1015/1015a)
Allgemeine Mineralogie. 11., erweiterte Auflage der „Mineralogie" von *R. Brauns†*, neubearbeitet von *K. F. Chudoba*. 152 Seiten, 143 Textfiguren, 1 Tafel, 3 Tabellen. 1963. (29/29a)
Spezielle Mineralogie. 11., erweiterte Auflage der „Mineralogie" von *R. Brauns †*, bearbeitet von *K. F. Chudoba*. Etwa 170 Seiten, 127 Textfiguren, 4 Tabellen. 1964. (31/31 a)
Petrographie (Gesteinskunde) von *W. Bruhns †*. Neubearbeitet von *P. Ramdohr*. 5., erweiterte Auflage. 141 Seiten, 10 Figuren. 1960. (173)
Kristallographie von *W. Bruhns †*. 5. Auflage, neubearbeitet von *P. Ramdohr*. 109 Seiten, 164 Abbildungen. 1958. (210)
Einführung in die Kristalloptik von *E. Buchwald*. 5., verbesserte Auflage. 128 Seiten, 117 Figuren. 1963. (619/619a)
Lötrohrprobierkunde. Mineraldiagnose mit Lötrohr und Tüpfelreaktion von *M. Henglein*. 4., durchgesehene und erweiterte Auflage. 108 Seiten, 12 Figuren. 1962. (483)

Technik

Graphische Darstellung in Wissenschaft und Technik von *M. Pirani.* 3., erweiterte Auflage bearbeitet von *J. Fischer* unter Benutzung der von *I. Runge* besorgten 2. Auflage. 216 Seiten, 104 Abbildungen. 1957. (728/728a)

Technische Tabellen und Formeln von *W. Müller.* 5., verbesserte und erweiterte Auflage von *E. Schulze.* 165 Seiten, 114 Abbildungen, 99 Tafeln. 1962. (579)

Einführung in die Arbeitswissenschaft von *H. H. Hilf.* 164 Seiten, 57 Abbildungen. 1964. (1212/1212a)

Grundlagen der Straßenverkehrstechnik. Theorie der Leistungsfähigkeit von *E. Engel.* 101 Seiten, 55 Abbildungen. 1962. (1198)

Elektrotechnik

Grundlagen der allgemeinen Elektrotechnik von *O. Mohr.* 2., durchgesehene Auflage. 260 Seiten, 136 Bilder, 14 Tafeln. 1961. (196/196a)

Die Gleichstrommaschine von *K. Humburg.* 2 Bände. 2., durchgesehene Auflage.
I: 102 Seiten, 59 Abbildungen. 1956. (257)
II: 101 Seiten, 38 Abbildungen. 1956. (881)

Die Synchronmaschine von *W. Putz.* 92 Seiten, 64 Bilder. 1962. (1146)

Induktionsmaschinen von *F. Unger.* 2., erweiterte Auflage. 142 Seiten, 49 Abbildungen. 1954. (1140)

Die komplexe Berechnung von Wechselstromschaltungen von *H. H. Meinke.* 3. Auflage. 180 Seiten, 120 Abbildungen. 1964. In Vorbereitung. (1156/1156a)

Theoretische Grundlagen zur Berechnung der Schaltgeräte von *F. Kesselring.* 3. Auflage. 144 Seiten, 92 Abbildungen. 1950. (711)

Einführung in die Technik selbsttätiger Regelungen von *W. zur Megede.* 2., durchgesehene Auflage. 180 Seiten, 86 Abbildungen. 1961. (714/714a)

Elektromotorische Antriebe (Grundlagen für die Berechnung) von *A. Schwaiger.* 3., neubearbeitete Auflage. 96 Seiten, 34 Abbildungen. 1952. (827)

Überspannungen und Überspannungsschutz von *G. Frühauf.* Durchgesehener Neudruck. 122 Seiten, 98 Abbildungen. 1950. (1132)

Elektrische Höchstspannungs-Schaltanlagen für Freiluft und Innenanordnung von *G. Meiners* und *K.-H. Wiesenewsky.* 138 Seiten, 58 Abbildungen. 1964. (796/796a)

Transformatoren von *W. Schäfer.* 4., überarbeitete und ergänzte Auflage. 130 Seiten, 73 Abbildungen. 1962. (952)

Maschinenbau

Metallkunde von *H. Borchers*. 3 Bände. 5., ergänzte und durchgesehene Auflage.
I: Aufbau der Metalle und Legierungen. 120 Seiten, 90 Abbildungen, 2 Tabellen. 1962. (432)
II: Eigenschaften, Grundzüge der Form- und Zustandsgebung. 182 Seiten, 107 Abbildungen, 10 Tabellen. 1963. (433/433a)
III: Die metallkundlichen Untersuchungsmethoden von *E. Hanke*. In Vorbereitung. (434)

Die Werkstoffe des Maschinenbaues von *A. Thum †* und *C. M. v. Meysenbug*. 2 Bände.
I: Einführung in die Werkstoffprüfung. 2., neubearbeitete Auflage. 100 Seiten, 7 Tabellen, 56 Abbildungen. 1956. (476)
II: Die Konstruktionswerkstoffe. 132 Seiten, 40 Abbildungen. 1959. (936)

Dynamik von *W. Müller*. 2 Bände. 2., verbesserte Auflage.
I: Dynamik des Einzelkörpers. 128 Seiten, 48 Figuren. 1952. (902)
II: Systeme von starren Körpern. 102 Seiten, 41 Figuren. 1952. (903)

Technische Schwingungslehre von *L. Zipperer*. 2 Bände. 2., neubearbeitete Auflage.
I: Allgemeine Schwingungsgleichungen, einfache Schwinger. 120 Seiten, 101 Abbildungen. 1953. (953)
II: Torsionsschwingungen in Maschinenanlagen. 102 Seiten, 59 Abbildungen. 1955. (961/961a)

Werkzeugmaschinen für Metallbearbeitung von *K. P. Matthes*. 2 Bände.
I: 100 Seiten, 27 Abbildungen, 11 Zahlentafeln, 1 Tafelanhang. 1954. (561)
II: Fertigungstechnische Grundlagen der neuzeitlichen Metallbearbeitung. 101 Seiten, 30 Abbildungen, 5 Tafeln. 1955. (562)

Das Maschinenzeichnen mit Einführung in das Konstruieren von *W. Tochtermann*. 2 Bände. 4. Auflage.
I: Das Maschinenzeichnen. 156 Seiten, 75 Tafeln. 1950. (589)
II: Ausgeführte Konstruktionsbeispiele. 130 Seiten, 58 Tafeln. 1950. (590)

Die Maschinenelemente von *E. A. vom Ende †*. 4., überarbeitete Auflage. 184 Seiten, 179 Figuren, 11 Tafeln. 1963. (3/3a)

Die Maschinen der Eisenhüttenwerke von *L. Engel*. 156 Seiten, 95 Abbildungen. 1957. (583/583a)

Walzwerke von *H. Sedlaczek †* unter Mitarbeit von *F. Fischer* und *M. Buch*. 232 Seiten, 157 Abbildungen. 1958. (580/580a)

Getriebelehre von *P. Grodzinski †*. 2 Bände. 3., neubearbeitete Auflage von *G. Lechner*.
I: Geometrische Grundlagen. 164 Seiten, 131 Figuren. 1960. (1061)
II: Angewandte Getriebelehre. In Vorbereitung. (1062)

Kinematik von *H. R. Müller*. 171 Seiten, 75 Figuren. 1963. (584/584a)

Gießereitechnik von *H. Jungbluth*. 2 Bände.
I: Eisengießerei. 126 Seiten, 44 Abbildungen. 1951. (1159)

Die Dampfturbinen. Ihre Wirkungsweise, Berechnung und Konstruktion von *C. Zietemann*. 3 Bände.
I: Theorie der Dampfturbinen. 4. Auflage. 139 Seiten, 48 Abbildungen. 1964. In Vorbereitung. (274)
II: Die Berechnung der Dampfturbinen und die Konstruktion der Einzelteile. 4., verbesserte Auflage. 132 Seiten, 111 Abbildungen. 1964. In Vorbereitung. (715)
III: Die Regelung der Dampfturbinen, die Bauarten, Turbinen für Sonderzwecke, Kondensationsanlagen. 3., verbesserte Auflage. 126 Seiten, 90 Abbildungen. 1956. (716)

Verbrennungsmotoren von *W. Endres*. 3 Bände.
I: Überblick. Motor-Brennstoffe. Verbrennung im Motor allgemein, im Otto- und Diesel-Motor. 153 Seiten, 57 Abbildungen. 1958. (1076/1076a)
II: Die heutigen Typen der Verbrennungskraftmaschine. In Vorbereitung. (1184)
III: Die Einzelteile des Verbrennungsmotors. In Vorbereitung. (1185)

Autogenes Schweißen und Schneiden von *H. Niese*. 5. Auflage, neubearbeitet von *A. Küchler*. 136 Seiten, 71 Figuren. 1953. (499)

Die elektrischen Schweißverfahren von *H. Niese*. 2. Auflage, neubearbeitet von *H. Dienst*. 136 Seiten, 58 Abbildungen. 1955. (1020)

Die Hebezeuge. Entwurf von Winden und Kranen von *G. Tafel*. 2., verbesserte Auflage. 176 Seiten, 230 Figuren. 1954. (414/414a)

Wasserbau

Wasserkraftanlagen von *A. Ludin* unter Mitarbeit von *W. Borkenstein*. 2 Bände.
I: Planung, Grundlagen und Grundzüge. 124 Seiten, 60 Abbildungen. 1955. (665)
II: Anordnung und Ausbildung der Hauptbauwerke. 184 Seiten, 91 Abbildungen. 1958. (666/666a)

Verkehrswasserbau von *H. Dehnert*. 3 Bände.
I: Entwurfsgrundlagen, Flußregelungen. 103 Seiten, 53 Abbildungen. 1950. (585)
II: Flußkanalisierung und Schiffahrtskanäle. 94 Seiten, 60 Abbildungen. 1950. (597)
III: Schleusen und Hebewerke. 98 Seiten, 70 Abbildungen. 1950. (1152)

Wehr- und Stauanlagen von *H. Dehnert*. 134 Seiten, 90 Abbildungen. 1952. (965)

Talsperren von *F. Tölke*. 122 Seiten, 70 Abbildungen. 1953. (1044)

Vermessungswesen

Vermessungskunde von *W. Großmann*. 3 Bände.

I: Stückvermessung und Nivellieren. 11., verbesserte Auflage. 144 Seiten 117 Figuren. 1962. (468)

II: Horizontalaufnahmen und ebene Rechnungen. 9., verbesserte Auflage. 136 Seiten, 101 Figuren. 1963. (469)

III: Trigonometrische und barometrische Höhenmessung. Tachymetrie und Absteckungen. 8. Auflage. 136 Seiten, 97 Figuren. 1964. (862)

Kartographie von *V. Heissler*. 213 Seiten, 125 Abbildungen, 8 Anlagen. 1962. (30/30a)

Photogrammetrie von *G. Lehmann*. 189 Seiten, 132 Abbildungen. 1959. (1188/1188a)

Hoch- und Tiefbau

Die wichtigsten Baustoffe des Hoch- und Tiefbaus von *O. Graf* †. 4., verbesserte Auflage. 131 Seiten, 63 Abbildungen. 1953. (984)

Baustoffverarbeitung und Baustellenprüfung des Betons von *A. Kleinlogel*. 2., neubearbeitete und erweiterte Auflage. 126 Seiten, 35 Abbildungen. 1951. (978)

Festigkeitslehre. 2 Bände.

I: Elastizität, Plastizität und Festigkeit der Baustoffe und Bauteile von *W. Gehler* † und *W. Herberg*. Durchgesehener und erweiterter Neudruck. 159 Seiten, 118 Abbildungen. 1952. (1144)

II: Formänderung, Platten, Stabilität und Bruchhypothesen von *W. Herberg* und *N. Dimitrov*. 187 Seiten, 94 Abbildungen. 1955. (1145/1145a)

Grundlagen des Stahlbetonbaus von *A. Troche*. 2., neubearbeitete und erweiterte Auflage. 208 Seiten, 75 Abbildungen, 17 Bemessungstafeln, 20 Rechenbeispiele. 1953. (1078)

Statik der Baukonstruktionen von *A. Teichmann*. 3 Bände.

I: Grundlagen. 101 Seiten, 51 Abbildungen, 8 Formeltafeln. 1956. (119)

II: Statisch bestimmte Stabwerke. 107 Seiten, 52 Abbildungen, 7 Tafeln. 1957. (120)

III: Statisch unbestimmte Systeme. 112 Seiten, 34 Abbildungen, 7 Formeltafeln. 1958. (122)

Fenster, Türen, Tore aus Holz und Metall. Eine Anleitung zu ihrer guten Gestaltung, wirtschaftlichen Bemessung und handwerksgerechten Konstruktion von *W. Wickop †*. 4., überarbeitete und ergänzte Auflage. 155 Seiten, 95 Abbildungen. 1955. (1092)

Heizung und Lüftung von *W. Körting*. 2 Bände. 9., neubearbeitete Auflage.

I: Das Wesen und die Berechnung der Heizungs- und Lüftungsanlagen. 171 Seiten, 29 Abbildungen, 36 Zahlentafeln. 1962. (342/342a)

II: Die Ausführung der Heizungs- und Lüftungsanlagen. 1964. In Vorbereitung. (343)

Industrielle Kraft- und Wärmewirtschaft von *F. A. F. Schmidt* und *A. Beckers*. 167 Seiten, 73 Abbildungen. 1957. (318/318a)

Weitere Sonderverzeichnisse aller

Wissensgebiete und Einzelprospekte,

sowie die Verlagskataloge

aus dem Verlag

WALTER DE GRUYTER & CO.

erhalten Sie jederzeit

bei Ihrem Buchhändler.

Sammlung Göschen / Bandnummernfolge

128/128a Lausberg, Romanische Sprachwissenschaft I
136 Mahler-Graewe, Physikal. Formelsammlung
141 Geitler, Morphologie der Pflanzen
142 Haack, Darst. Geometrie I
143 Haack, Darst. Geometrie II
144 Haack, Darst. Geometrie III
145 Weimer, Gesch. der Pädagogik
148 Kolms, Finanzwissenschaft I
156/156a Landmann, Philosophische Anthropologie
170 Oehlmann, Musik des 19. Jhs.
171/171a Oehlmann, Musik des 20. Jhs.
173 Bruhns-Ramdohr, Petrographie
174 Schlingloff, Religion des Buddhismus I
180 Böhm, Versicherungsmathematik I
184 Blümcke, Textilindustrie I
196/196a Mohr, Grundlagen der allgem. Elektrotechnik
200/200a Gottschald, Dt. Rechtschreibungswörterbuch
210 Bruhns-Ramdohr, Kristallographie
220/220a Moser, Allg. Musiklehre
221/221a Jander-Jahr-Knoll, Maßanalyse
222 Hassak-Beutel-Kutzelnigg, Warenkunde I
223 Hassak-Beutel-Kutzelnigg, Warenkunde II
226/226a Hofmann, Gesch. der Mathematik I
228 Vogel, Landw. Tierzucht
231/231a Ehrlich, Gesch. Israels
238 Krahe, Germ. Sprachwiss. I
243 Mahler-Graewe, Physikal. Aufgabensammlung
247/247a Hofmann-Jander, Qualitative Analyse
250 Lausberg, Romanische Sprachwissenschaft II
252 Vetter, Elektrochemie I
253 Vetter, Elektrochemie II
257 Humburg, Gleichstrommaschine I
264 Lockemann, Gesch. der Chemie I
265/265a Lockemann, Geschichte der Chemie II
270 Kirn, Einführung in die Geschichtswissenschaft
274 Zietemann, Dampfturbinen I
279 Jacob-Hohenleutner, Quellenkunde der deutschen Geschichte I
280 Jacob-Hohenleutner, Quellenkunde der deutschen Geschichte II
281 Leisegang, Einführung in die Philosophie
282 Haltenorth, Säugetiere
284 Jacob-Weden, Quellenkunde der deutschen Geschichte III
318/318a Schmidt-Beckers, Industrielle Kraft- u. Wärmewirtschaft
319 Krug, Australien und Ozeanien
329 Scharrer, Agrikulturchemie I
330/330a Scharrer, Agrikulturchemie II
335 Klug, Fette und Öle
336 Braun-Klug, Seifenfabrikation
342/342a Körting, Heizung und Lüftung I
343 Körting, Heizung und Lüftung II
344 Moser, Musikästhetik
354/354a Valentiner-König, Vektoren und Matrizen
355 Neger-Münch-Huber, Nadelhölzer
356 Lüdemann, Fische
374 Döring, Einführung in die theoret. Physik IV
375 Preller, Geschichte Englands I
389/389a Diels-Mattick, Pflanzengeographie
391 Kolms, Finanzwissenschaft II
394/394a Schilling, Von der Renaissance bis Kant
414/414a Tafel, Hebezeuge
422 Gottschald, Dt. Personennamen
423 Adler-Erlebach, Fünfstellige Logarithmen
432 Borchers, Metallkunde I
433/433a Borchers, Metallkunde II

434 Borchers-Hanke, Metallkunde III
435 Burau, Algebr. Kurven u. Flächen I
436/436a Burau, Algebr. Kurven und Flächen II
439 Jaeckel, Würmer
440 Jaeckel, Weichtiere
441 Jaeckel, Stachelhäuter
442 Hannemann, Schwämme und Hohltiere
443 Gruner-Deckert, Krebse
444 Reichenow, Einzeller
445 Asmus, Physikal.-chem. Rechenaufgaben
447/447a Herter, Kriechtiere
448 Haltenorth, Manteltiere
452 Bahrdt-Scheer, Stöchiometrische Aufgabensammlung
468 Großmann, Vermessungskunde I
469 Großmann, Vermessungskunde II
476 Thum-Meysenbug, Die Werkstoffe des Maschinenbaues I
483 Henglein, Lötrohrprobierkunde
492 Stolz-Debrunner, Geschichte der lateinischen Sprache
499 Niese-Küchler, Autogenes Schweißen
500 Simmel, Hauptprobleme der Philosophie
536 Lehmann, Kant
538 Rumpf, Archäologie I
539 Rumpf, Archäologie II
540 Rumpf, Archäologie III
557 Nestle-Liebich, Gesch. der griech. Literatur II
561 Matthes, Werkzeugmaschinen I
562 Matthes, Werkzeugmaschinen II
564 Behn-Hoernes, Kultur der Urzeit I
565 Behn-Hoernes, Kultur der Urzeit II
566 Behn-Hoernes, Kultur der Urzeit III
571 Lehmann, Philosophie des 19. Jahrhunderts I
576/576a Moser, Gesangskunst
579 Müller-Schulze, Techn. Tabellen
580/580a Sedlaczek-Fischer-Buch, Walzwerke
583/583a Engel, Maschinen der Eisenhüttenwerke
584/584a Müller, Kinematik
585 Dehnert, Verkehrswasserbau I
587 Kalitsunakis-Steinmetz, Neugriech.-dt. Gesprächsbuch
589 Tochtermann, Maschinenzeichnen I
590 Tochtermann, Maschinenzeichnen II
594 v. Lengerken, Insekten
597 Dehnert, Verkehrswasserbau II
601 Mutschmann-Scherer, Engl. Phonetik
619/619a Buchwald, Kristalloptik
665 Ludin-Borkenstein, Wasserkraftanlagen I
666/666a Ludin-Borkenstein, Wasserkraftanlagen II
668 Knopp, Funktionentheorie I
677 Altheim, Röm. Geschichte II
679 Altheim, Röm. Geschichte III
684 Altheim, Röm. Geschichte IV
691 Fauser, Kulturtechn. Bodenverbesserungen I
692 Fauser, Kulturtechn. Bodenverbesserungen II
698/698a Schulze, Allgemeine u. physikalische Chemie II
703 Knopp, Funktionentheorie II
709 Lehmann, Philosophie des 19. Jahrhunderts II
711 Kesselring, Berechnung der Schaltgeräte
714/714a zur Megede, Technik selbsttätiger Regelungen
715 Zietemann, Dampfturbinen II
716 Zietemann, Dampfturbinen III
718 Neger-Münch-Huber, Laubhölzer
728/728a Pirani-Fischer-Runge, Graph. Darstellung in Wissenschaft u. Technik
735 Ekwall, Historische neuengl. Laut- und Formenlehre

746/746a Pfanzagl, Allg. Methodenlehre der Statistik I
747/747a Pfanzagl, Allg. Methodenlehre der Statistik II
756/756a Kalitsunakis, Gramm. d. Neugriech. Volksspr.
763/763a Beer-Meyer, Hebräische Grammatik I
764/764a Beer-Meyer, Hebräische Grammatik II
768/768a Bieberbach, Einführung in die konforme Abbildung
769/769a Beer-Meyer, Hebräisches Textbuch
770 Schlingloff, Religion des Buddhismus II
776 Kolms, Finanzwissensch. III
780 Krahe, Germ. Sprachwiss. II
781 Weigert, Stilkunde II
782 Kolms, Finanzwissensch. IV
786 Schulze, Molekülbau
796/796a Meiners-Wiesenewsky, Elektr. Höchstspannungs-Schaltanlagen
807 Kropp, Erkenntnistheorie
809 Moser, Harmonielehre I
810 Moser, Harmonielehre II
826 Koch, Philosophie d. Mittelalters
827 Schwaiger, Elektromotorische Antriebe
831 Erismann, Allg. Psychologie I
832/382a Erismann, Allg. Psychologie II
833 Erismann, Allg. Psychologie III
834/834a Erismann, Allg. Psychologie IV
837 Baumgartner, Gruppentheorie
845 Lehmann, Philosophie im ersten Drittel des 20. Jhs. I
847 Herter, Lurche
850 Lehmann, Philosophie im ersten Drittel des 20. Jhs. II
851/851a Moede, Psychologie des Berufs- und Wirtschaftslebens
857 Capelle, Griech. Philosophie I
858 Capelle, Griech. Philos. II
859 Capelle, Griech. Philos. III
862 Großmann, Vermessungskunde III
863 Capelle, Griech. Philos. IV
866 Bieler, Röm. Literaturgeschichte II
869 Freye, Vögel
875 Hofmann, Geschichte der Mathematik II
877 Knopp Aufgabensammlung zur Funktionentheorie I
878 Knopp. Aufgabensammlung zur Funktionentheorie II
881 Humburg, Gleichstrommaschine II
882 Hofmann, Geschichte der Mathematik III
883 Stuloff, Mathematik der neuesten Zeit
893 Treue, Dt. Geschichte von 1806—1890
894 Treue, Dt. Geschichte von 1890 bis zur Gegenwart
902 Müller. Dynamik I
903 Müller, Dynamik II
910 Jaeger, Afrika I
911 Jaeger Afrika II
915 Sperber-Fleischhauer, Gesch. der Deutschen Sprache
917/917a Böhm, Versicherungsmathematik II
920 Hoheisel, Gewöhnliche Differentialgleichungen
921 Jantzen-Kolb, W. v. Eschenbach. Parzival
929 Schirmer-Mitzka, Dt. Wortkunde
930 Krull, Elementare und klassische Algebra I
931 Hasse, Höhere Algebra I
932 Hasse, Höhere Algebra II
933 Krull, Elementare und klassische Algebra II
936 Thum-Meysenbug, Werkstoffe d. Maschinenbaues II
952 Schäfer, Transformatoren
953 Zipperer, Techn. Schwingungslehre I
961/961a Zipperer, Techn. Schwingungslehre II
965 Dehnert, Wehr- und Stauanlagen
970 Baldus-Löbell, Nichteuklidische Geometrie

978 Kleinlogel, Baustoffverarbeitung und Baustellenprüfung d. Betons
984 Graf, Baustoffe des Hoch- und Tiefbaues
999/999a Kamke, Mengenlehre
1000 Jaspers, Geistige Situat. der Zeit
1003 Hoheisel, Partielle Differentialgleichung
1008/1008a Mellerowicz, Allgem. Betriebswirtschaftslehre I
1009 Bechert-Gerthsen-Flammersfeld, Atomphysik I
1014 Huttenlocher, Mineral- und Erzlagerstättenkunde I
1015/1015a Huttenlocher, Mineral- u. Erzlagerstättenkunde II
1017 Döring, Einführung in die theoret. Physik V
1020 Niese-Dienst, Elektrische Schweißverfahren
1031/1031a Apel-Ludz, Philosophisches Wörterbuch
1033 Bechert-Gerthsen-Flammersfeld, Atomphysik II
1034 Kranefeldt-Jung, Therapeutische Psychologie
1035 Altheim, Röm. Religionsgeschichte I
1039 Dovifat, Zeitungslehre I
1040 Dovifat, Zeitungslehre II
1044 Tölke, Talsperren
1045 Schubert, Technik des Klavierspiels
1051/1051a Stolberg-Wernigerode, Gesch. d. Vereinigten Staaten
1052 Altheim, Röm. Religionsgeschichte II
1057 Roth, Thermochemie
1059/1059a Hoheisel, Aufgabenslg. z. d. gew. u. part. Differentialgl.
1061 Grodzinski-Lechner, Getriebelehre I
1062 Grodzinski-Lechner, Getriebelehre II
1065 Haller-Dannenbauer, Von d. Karolingern zu den Staufern
1070 Sauter, Differentialgleichungen der Physik
1074 Koschmieder, Variationsrechnung I
1075 Koschmieder, Variationsrechnung II
1076/1076a Endres, Verbrennungsmotoren I
1077 Haller-Dannenbauer, Von den Staufern zu den Habsburgern
1078 Troche, Stahlbetonbau
1082 Hasse-Klobe, Aufgabensammlung zur höheren Algebra
1085 Lietzmann-Aland, Zeitrechnung
1086 Müller, Dt. Dichten und Denken
1088 Preller, Gesch. Englands II
1092 Wickop, Fenster, Türen, Tore
1094 Hernried, System. Modulation
1096 Viëtor, Dt. Dichten und Denken
1099 Hoheisel, Integralgleichungen
1105 Hartung, Dt. Geschichte im Zeitalter der Reformation
1108 de Boor-Wisniewski, Mittelhochdeutsche Grammatik
1109 Knopp, Elemente der Funktionentheorie
1111/1111a Naumann-Betz, Althochdt. Elementarbuch
1113/1113a Strubecker, Differentialgeometrie I
1114 Schubel, Engl. Literaturgeschichte I
1115 Ranke, Altnord. Elementarbuch
1116 Schubel, Engl. Literaturgeschichte II
1117 Haller-Dannenbauer, Eintritt der Germanen in die Geschichte
1121 Naumann, Dt. Dichten u. Denken
1122 Feist, Sprechen und Sprachpflege
1123/1123a Bechert-Gerthsen-Flammersfeld, Atomphysik III

1124 Schubel, Engl. Literaturgeschichte III
1125 Lehnert, Altengl. Elementarbuch
1127 Hartmann, Geschlecht u. Geschlechtsbestimmung im Tier- und Pflanzenreich
1128 Buchner, Symbiose der Tiere
1130 Dibelius-Kümmel, Jesus
1131 Scholz-Schoeneberg, Einführung in die Zahlentheorie
1132 Frühauf, Überspannungen
1134 Kuckuck, Pflanzenzüchtung I
1135 Lehnert, Beowulf
1137 Heil, Entwicklungsgesch. d. Pflanzenreiches
1138 Hämmerling, Fortpflanzung im Tier- und Pflanzenreich
1140 Unger, Induktionsmaschine
1141 Koller, Hormone
1142 Meissner-Lehnert, Shakespeare
1144 Gehler-Herberg, Festigkeitslehre I
1145/1145a Herberg-Dimitrov, Festigkeitslehre II
1146 Putz, Synchronmaschine
1147 v. Waltershausen, Kunst d. Dirigierens
1148 Pepping, Der polyphone Satz I
1152 Dehnert, Verkehrswasserbau III
1153/1153a Mellerowicz, Allgem. Betriebswirtschaftslehre II
1154/1154a Mellerowicz, Allgem. Betriebswirtschaftslehre III
1155 Schwartz, Mikrobiologie I
1156/1156a Meinke, Komplexe Berechnungen v. Wechselstromschaltungen
1157 Schwartz, Mikrobiologie II
1158 Mayrhofer, Sanskrit-Grammatik
1159 Jungbluth, Gießereitechnik I
1160 Dibelius-Kümmel, Paulus
1161 Kaestner, Spinnentiere
1162 Seidel, Entwicklungsphysiologie der Tiere I
1163 Seidel, Entwicklungsphysiologie der Tiere II
1164/1164a Pepping, Der polyphone Satz II
1165/1165a Bechert-Gerthsen-Flammersfeld, Atomphysik IV
1169 Paulsen, Allgemeine Volkswirtschaftslehre I
1170 Paulsen, Allgemeine Volkswirtschaftslehre II
1171 Paulsen, Allgemeine Volkswirtschaftslehre III
1172 Paulsen, Allgemeine Volkswirtschaftslehre IV
1173 Hamann-Funke-Hermann, Chemie der Kunststoffe
1176/1176a Lorenzen, Form. Logik
1178/1178a Kuckuck, Pflanzenzüchtung II
1179/1179a Strubecker, Differentialgeometrie II
1180/1180a Strubecker, Differentialgeometrie III
1181 Franz, Topologie I
1182 Franz, Topologie II
1183/1183a Nicolas, Finanzmathematik
1184 Endres, Verbrennungsmotoren II
1185 Endres, Verbrennungsmotoren III
1186/1186a Mellerowicz, Allgem. Betriebswirtschaftslehre IV
1187 Lau, Luther
1188/1188a Lehmann, Photogrammetrie
1189/1189a Päsler, Mechanik
1190 Stupperich, Melanchthon
1191/1191a Bräuer, Slav. Sprachwissenschaft I
1193 Fürstenberg, Wirtschaftssoziologie
1194 Wendt, Gesch. d. Volkswirtschaftslehre
1195 Ohm, Allgem. Volkswirtschaftspolitik I
1196 Ohm, Allgem. Volkswirtschaftspolitik
1197/1197a Onasch, Einf. in die Konfessionskunde der orthodoxen Kirchen
1198 Engel, Straßenverkehrstechnik

1199 Lausberg, Romanische Sprachwissenschaft III, 1. Teil
1200/1200a Lausberg, Romanische Sprachwissenschaft III, 2. Teil
1201/1201a Dehn, Versuche zur allgem. u. phys. Chemie
1202/1202a Nagel, Gesch. des christl. Gottesdienstes
1203 Wendland, Sozialethik
1204 Scheurig, Zeitgeschichte
1205/1205a Hofmann, Ideengeschichte d. soz. Bewegung
1206/1206a Langen, Lineare Programmierung
1207 Philipsborn, Erzkunde
1208 Lausberg, Romanische Sprachwissenschaft IV
1209/1209a Bock, Therm. Verfahrenstechnik I
1210/1210a Bock Therm. Verfahrenstechnik II
1211/1211a Bock, Therm. Verfahrenstechnik III
1212/1212a Hilf, Arbeitswissenschaft
1213 Kosiol, Buchhaltung und Bilanz
1216 Bauer, Wahrscheinlichkeitstheorie I
1217 Bauer, Wahrscheinlichkeitstheorie II
1218 Brandenstein, Griechische Sprachwissenschaft III

Autorenregister

120/I/64

FSC
www.fsc.org
MIX
Papier | Fördert gute Waldnutzung
FSC® C083411

Kolibri 360 GmbH
Ferdinand-Jühlke-Straße 7
99095 Erfurt, Deutschland
produktsicherheit@kolibri360.de